In den Gärten
des Managements

Für eine bessere Führungskultur

Dr. Matthias Nöllke

Haufe Mediengruppe
Freiburg · Berlin · München

Bibliografische Information der Deutschen Nationalbibliothek

Die Deutsche Nationalbibliothek verzeichnet diese Publikation in der Deutschen Nationalbibliografie; detaillierte bibliografische Daten sind im Internet über http://www.d-nb.de abrufbar.

Print: ISBN: 978-3-648-01946-7   Bestell-Nr. 00448-0001
ePub: ISBN: 978-3-648-01947-4   Bestell-Nr. 00448-0100
ePDF: ISBN: 978-3-648-01948-1   Bestell-Nr. 00448-0150

Matthias Nöllke
In den Gärten des Managements
1. Auflage 2011

© 2011, Haufe-Lexware GmbH & Co. KG, Munzinger Straße 9, 79111 Freiburg
Redaktionsanschrift: Fraunhoferstraße 5, 82152 Planegg/München
Telefon: (089) 895 17-0,
Telefax: (089) 895 17-290
www.haufe.de
online@haufe.de
Produktmanagement: Dr. Leyla Sedghi

Lektorat: Gisela Fichtl
Desktop-Publishing: Agentur: Satz & Zeichen, Karin Lochmann, 83071 Stephanskirchen
Umschlag: Grafikhaus, 80469 München
Druck: Schätzl Druck, 86609 Donauwörth

Zur Herstellung dieses Buches wurde alterungsbeständiges Papier verwendet.

Inhaltsverzeichnis

Vorwort

Gärten und Management, wie passt das zusammen? Besser, als viele meinen. Es gibt eine lange Tradition, den Garten als einen idealen Ort aufzufassen. Wie es hier ist, sollte es im Prinzip überall sein. Der Garten ist Natur, aber vom Menschen gestaltete Natur und keine Wildnis. Für seine Gestaltung und Pflege zuständig ist der Gärtner, damit ist er gewissermaßen der ideale Manager.

Genau darum soll es in diesem Buch auch gehen, wenn schon nicht um eine ideale, so doch immerhin um eine bessere Führungskultur. Denn der Gärtner (natürlich auch die Gärtnerin, um hier gleich den üblichen Hinweis loszuwerden, dass wie immer *beide* Geschlechter gemeint sind, wenn die männliche oder auch einmal die weibliche Form benutzt wird), der Gärtner also verkörpert am sinnfälligsten das, was wir an Führungskräften heute häufig vermissen: Unaufgeregtheit, Beharrlichkeit, Zugewandtheit. Der Gärtner will seine Pflanzen wachsen und blühen sehen. Um dieses Ziel zu erreichen, muss er die Pflanzen kultivieren, er darf die Böden nicht auslaugen, die Pflanzen nicht unter permanenten Stress setzen und er muss sie mit Bedacht anpflanzen. Ein Gärtner zieht weder öde Monokulturen, noch streut er alles wüst durcheinander. Er weiß, welche Pflanzen sich gut ergänzen und welche sich nicht vertragen. Eben das ist es, was einen guten Gärtner auszeichnet: Pflanzenkenntnis.

Außerdem: der kluge Umgang mit der Zeit. Ein guter Gärtner weiß, wann Bäume ihre Saftruhe brauchen, wann die Früchte reif sind, um sie zu ernten. Er denkt aber nicht nur an die Ernte, er denkt über die Ernte hinaus. Im Garten bleibt die Zeit nicht stehen, es gibt kein Endergebnis und keinen Jahresabschluss. Das einzige, was zählt, ist der anhaltend gute Zustand des Gartens.

Daran hapert es in vielen Organisationen. Die Führungskräfte selbst stehen unter starkem Druck, sie sollen „Ergebnisse liefern" wie der Bäcker die Brötchen und immer mehr Leistung aus immer weniger Mitarbeitern herausholen. Umfragen zeigen es: Den Führungskräften ist selbst nicht wohl dabei. Sie merken, dass sie stark an Ansehen verloren haben und fühlen sich unter einem unangenehmen Rechtfertigungsdruck, auch im Freundes- und Bekanntenkreis. Manche denken darüber nach, ob sie noch „auf der richtigen Seite stehen", andere halten sich lieber an die Devise: Augen zu und durch. Belastend ist beides. Es gibt mehr und mehr Führungskräfte, die in einer Sinnkrise stecken und sich ausgebrannt fühlen.

Hier sollen die „Gärten des Managements" ein Gegenentwurf sein. In sieben Gärten kommen unterschiedliche Aspekte von Führung zur Sprache: ein neues Selbstverständnis (Hausgarten), Ergebnisorientierung (Obstgarten), Raumgestaltung (Klostergarten), Menschenkenntnis (Senkgarten), Kooperation und Konkurrenz (botanischer Garten), Nachhaltigkeit (Waldgarten) und Eigenverantwortung (Guerilla-Garten).

Thematisch knüpft das „Gartenbuch" an die beiden Vorgänger an: „So managt die Natur" und „Von Bienen und Leitwölfen". Doch während es dort hauptsächlich die Tiere waren, die als Anregung dienten, stehen nun die Pflanzen im Mittelpunkt – und der Gärtner, der mit ihnen umgeht.

Auch für dieses Buch gilt: Ohne die Förderung und Unterstützung von vielen hätte es gar nicht geschrieben werden können. Eine Aufzählung erspare ich dem geneigten Leser und nenne nur drei Namen: Dr. Leyla Sedghi, die das Buch von Anfang bis Ende mit Übersicht betreut hat, Gisela Fichtl, die als Lektorin eine anregende und ermutigende Gesprächspartnerin war, und Dr. Harald Henzler, ohne dessen Einsatz und Enthusiasmus dieses Buch womöglich gar nicht zustande gekommen wäre. Es hat sehr viel Freude gemacht, dieses Buch zu schreiben. Ich hoffe, es macht Ihnen nun auch Vergnügen, es zu lesen.

Matthias Nöllke, München im August 2011

Näheres über die „Gärten des Managements" finden Sie auch unter: www.noellke.de

Im Vorgarten: Warum der Blick über den Zaun lohnt

„Irgendwie werde ich das Gefühl nicht los, dass für Pflanzen alles möglich ist. Dass sie imstande sind, jedes Problem zu lösen – wenn man ihnen ein paar Millionen Jahre Zeit lässt." – Volker Arzt, Naturfilmer

„Das Leben ist ein Paradies, und alle sind wir im Paradiese, wir wollen es nur nicht wahrhaben; wenn wir es aber wahrhaben wollten, so würden wir morgen im Paradiese sein." – Fjodor Dostojewski: Die Brüder Karamasow

„Willst du für eine Stunde glücklich sein, so betrinke dich. Willst du für drei Tage glücklich sein, so heirate. Willst du für acht Tage glücklich sein, so schlachte ein Schwein und gib ein Festessen. Willst du aber ein Leben lang glücklich sein, so schaffe dir einen Garten." – Sprichwort aus China

Gärten sind ganz besondere Orte. Mit ihnen verbinden sich traditionell äußerst angenehme Vorstellungen. Sie sind das Gegenbild zum eintönigen, beschwerlichen Alltag, oftmals stehen sie für eine harmonischere, friedlichere, bessere Welt. Das Paradies stellen wir uns als Garten vor, übrigens nicht nur in der christlich-jüdisch-muslimischen Tradition. In der Antike gab es das Elysium, die „Insel der Seligen", die alle Eigenschaften eines komfortablen, sorgsam gepflegten Gartens hatte, mit duftenden Rosen und Schatten spendenden Weihrauchbäumen. Hier konnten es sich die antiken Helden bis in alle Ewigkeit gut gehen lassen, während es nach christlicher Vorstellung seit dem Vorfall mit dem Apfel erst einmal vorbei ist mit der paradiesischen Sorglosigkeit im Garten Eden. Im „Schweiße seines Angesichts" muss der Mensch sein Brot verdienen und sich mit allerlei weiteren Unbequemlichkeiten herumärgern. Der komfortable Paradiesgarten ist uns bis auf Weiteres verschlossen.

Die irdischen Gärten hingegen gelten gerade nicht als ein Hort süßen Nichtstuns. Vielmehr sind sie das Ergebnis kundiger Pflege und beständiger Sorge. Ein Garten, um den sich niemand mehr kümmert, verkommt und verwahrlost. Irgendwann hört er auf, ein Garten zu sein. Er wird zum Brachland. Sorgfältig davon zu unterscheiden ist der absichtsvoll verwilderte Garten, der möglichst lebendig und „natürlich" wirken soll und damit eine bestimmte Haltung offenbart. Seine Wildheit und Natürlichkeit will gestaltet, gepflegt und erhalten sein.

Denn genau das zeichnet einen Garten aus: Er ist nicht bloße Natur, sondern gestaltete Natur.

Diese Gestaltung der Natur erleben wir als etwas überaus Beglückendes. Auch und gerade wenn wir auf Widrigkeiten stoßen, gegen wucherndes Unkraut, schlechte Böden, gefräßige Schnecken und Blattläuse ankämpfen, der Eifer und die Energie, mit der wir in unserem Garten zu Werke gehen, hat etwas Beeindruckendes. Wer aus der Sphäre des Berufslebens sehnsuchtsvolle Blicke über den Gartenzaun wirft, mag sich die Frage stellen: „Kann das bei uns nicht auch ein wenig so sein?" Und damit sind keineswegs nur die vermeintlich antriebsschwachen Mitarbeiter gemeint. Auch Führungskräfte hätte man gerne so zupackend und engagiert bei der Sache. Dabei zugleich so fürsorglich um Wachsen und Gedeihen der natürlichen Anlagen ihrer Schützlinge bemüht.

Hinzu kommt ein weiterer Aspekt, der in den vergangenen Jahren stark an Bedeutung gewonnen hat: das Ausbrennen der Leistungsträger. Nach meinem Eindruck hat sich die Situation in den vergangenen Jahren erheblich verschärft. Viele, die sich, man möchte sagen, über alle Maßen in ihrem Beruf verausgabt haben, empfinden Erschöpfung, Orientierungslosigkeit und seelische Leere. Spitzenkräfte fühlen sich ausgelaugt, Leitfiguren haben ihren inneren Halt verloren. Insgeheim zählen manche ab, wie lange sie noch für ein halbwegs gesichertes Auskommen durchhalten müssen.

Wie anders die Lage im Garten: Beim Heckenschneiden, Unkrautjäten, Erdbeerenpflanzen oder Erdeharken droht kein Burnout. Vielmehr gilt das Gärtnern sogar als geeignetes Gegenmittel. Und das trotz der Plackerei, trotz Raupenplage, Maden im Obst, Mehltau, Bohnenrost, vermoostem Rasen, Nacktschnecken, Möhrenfliegen und Apfelwickler, um nur einige wenige Übel zu nennen. Gar nicht zu reden von der Witterung, die zuverlässig dafür sorgt, dass niemals alle Blütenträume zur Reife gelangen.

In diesem Buch sollen die beiden sehr unterschiedlichen Sphären zusammengeführt werden: der Gesichtskreis von Management, Unternehmen, Ökonomie auf der einen Seite und der von Garten, Pflanzen, natürlichem Wachstum und Vergehen auf der anderen Seite. Dabei soll es ausdrücklich nicht darum gehen, im Zeichen der Gartenpflege die letzten Ressourcen aus den Mitarbeitern herauszuholen. Vielmehr ist die Blickrichtung geradewegs andersherum. Führung und Management sollen etwas von der Entspanntheit, der Vitalität und der Lebensfreundlichkeit aufnehmen, deren angestammter Ort der Garten ist.

Grundprinzip Biophilie

Gärten sind Ausdruck einer grundsätzlichen Zugewandtheit zum Leben, zum Leben in seiner überbordenden Vielfalt. Der Soziobiologe Edward O. Wilson hat dafür den Begriff der „Biophilie" geprägt (vom altgriechischen „Bios" = Leben; „philein" = lieben). Im Sinne von Wilson sind wir biophil, wenn wir uns mit anderen Wesen in der Natur verbunden fühlen, mit Tieren, aber auch mit Pflanzen. Nicht weniger wichtig als das gute Gefühl ist entsprechendes Handeln. Hier zeigt sich Biophilie darin, andere Lebewesen zu schützen und zu ihrem Wachsen und Gedeihen beizutragen, ohne sie für eigene Zwecke zu gebrauchen wie Nutztiere oder Nutzpflanzen. Das Leben aller Geschöpfe hat einen eigenständigen Wert. Wir können uns an ihm erfreuen. Wir finden Erfüllung darin, es zu bewahren.

Für diese Haltung sprechen nicht allein ethische Gründe. Biophilie tut uns gut; sie sorgt für unser Wohlbefinden und stärkt unsere seelische Gesundheit, behauptet Wilson.

Naturerleben ist gesund

Ein britisch-deutsches Forscherteam um den Hirnforscher Peter Woodruff hat den Einfluss unterschiedlicher Umgebungen auf die Denkfähigkeit untersucht. Demnach fällt es Menschen leichter, sich in einer „natürlichen" Szenerie wie Meeresufer oder Wald zu entspannen und zu konzentrieren. Bei gleichem Geräuschpegel können wir besser abschalten als in einer „künstlichen" Umgebung. Noch aufschlussreicher sind die Daten, die Jolanda Maas, Soziologin vom EMGO Institute for Health and Care in Amsterdam, ermittelt hat. In einer aufwändigen Studie, die den Wohnort der Personen näher unter die Lupe nahm, zeigte sich: Je grüner die Umgebung desto weniger Herz-Kreislauferkrankungen, Diabetes, Depressionen und Angststörungen gab es. Das Fazit von Jolanda Maas: „Naturerleben verbessert in jeder Hinsicht unsere Gesundheit."

Gärten sind in unterschiedlicher Ausprägung Orte der Biophilie. Am wenigsten wirksam ist sie im französischen Barockgarten, einem ganz und gar künstlichen Gebilde, das die Beherrschung und Disziplinierung der Natur herausstellt. Hier triumphiert die Geometrie über die Biophilie – allerdings zu einem hohen Preis. Kein anderer Garten erfordert ein solches Maß an Aufwand und Mühe. Um ihn anzulegen, musste die vorhandene Landschaft großflächig planiert werden. Für seine Instandhaltung waren mitunter Tausende von Arbeitskräften erforderlich, die damit beschäftigt waren, die Pflanzen zurechtzustutzen.

Doch der Barockgarten ist ein spektakulärer Sonderfall; er erzielt seine Wirkung nicht zuletzt dadurch, dass er sich von typischen Gärten so radikal unterscheidet. Diese triumphieren gerade nicht über die Natur, sondern machen sie sich zunutze. Die Gestaltung der Natur verfolgt nicht den Zweck, ihr eine künstliche Form aufzuzwingen, sondern die Schönheit natürlicher Formen zur Geltung zu bringen. Dazu gehört nicht nur ihre fließende Unregelmäßigkeit, sondern auch ihre fortlaufende Veränderung.

Der Garten bringt uns in Verbindung mit Organismen, die wachsen, blühen, welken und absterben. Organismen, die sich ständig verändern, die nicht steuerbar sind wie die technischen Gerätschaften, mit denen wir sie pflegen oder zurückstutzen. Organismen, die sich gegenseitig beeinflussen, die konkurrieren, einander unterstützen, sich belauschen, täuschen, Botschaften senden und in einem fein verästelten Geflecht von Abhängigkeiten und Wechselwirkungen gedeihen. Eben das macht den Garten lebendig – und schön.

In diesem Buch soll das Prinzip der Biophilie auf das Thema Führung übertragen werden. Dahinter steht die Überzeugung, dass es angemessener ist, Teams, Organisationen und Unternehmen als lebende Systeme aufzufassen – und nicht als maschinenartige Gebilde, die von Führungskräften „gesteuert" werden können. Das bedeutet keineswegs, dass auf Führungskräfte verzichtet werden kann. Im Gegenteil, sie tragen entscheidend dazu bei, das System am Leben zu erhalten. Oder vielmehr: Sie sollten es tun.

Führungskräfte können ihrer Organisation einen Vitalitätsschub verpassen oder sie lähmen und allmählich in einen Zustand der Leichenstarre versetzen. Sie können Selbstheilungskräfte anregen oder selbstzerstörerische Tendenzen fördern. Dabei sind Führungskräfte selbst Teil des lebenden Systems, sie nehmen Einfluss und werden beeinflusst; sie verändern sich, wie sich das gesamte System verändert.

Unternehmen als lebende Systeme

Die Vorstellung vom lebenden System unterscheidet sich radikal vom traditionellen Modell, dem zufolge Unternehmen als eine Art Maschine betrachtet werden. Nach diesem Verständnis haben Führungskräfte die Aufgabe, die Unternehmensmaschine möglichst effizient zu steuern. Dazu stehen ihnen unterschiedliche „Stellhebel" zur Verfügung. Wenn sie die richtig betätigen, kann das gewünschte Ergebnis nicht lange auf sich warten lassen. Wenn es dennoch ausbleibt, so liegt entweder ein Bedienungsfehler vor oder die Maschine ist defekt. Vielleicht stimmt auch etwas mit der inneren Mechanik nicht und die „Reibungsverluste" sind zu groß. Eine Maschine arbeitet nach einer zwingenden Logik. Sie hat einen klar definierbaren Zweck, aber sie hat keine Geschichte, keine Tradition, oder sagen wir besser: Sie spielt keine Rolle. Eine Maschine ist gemacht, aber nicht allmählich herangereift. Einzelne Teile lassen sich austauschen, ohne dass dies die Funktionsweise der Maschine beeinträchtigt.

Völlig anders das Verständnis vom Unternehmen als lebendes System: Das lässt sich nicht von außen steuern, sondern es führt gewissermaßen ein Eigenleben. Es entsteht nicht durch Planung und Konstruktion, vielmehr entwickelt es aus sich heraus eigene Strukturen und Prozesse. Das heißt keineswegs, dass es keine Planung und Konstruktion gäbe. Doch wie das lebende System auf diese Vorgaben reagiert, also, wie sie „umgesetzt" werden, das ist noch eine ganz andere (und sehr viel interessantere) Frage.

Es gehört zu den Grundeinsichten der Organisationslehre, dass von den Vorgaben ständig abgewichen wird. Das ist jedoch nicht notwendigerweise ein Mangel, sondern oftmals ist das Gegenteil der Fall, solche Abweichungen sind für jede Organisation, man möchte sagen: überlebenswichtig. Bekanntlich ist der „Dienst nach Vorschrift" nicht der Idealzustand, sondern eine Form der Sabotage. Damit die Organisation arbeitsfähig bleibt, muss es Abweichungen geben: Abkürzungen, Umwege, inoffizielle Regeln, hilfreiche „Missverständnisse", bewährte Kniffe und den „kleinen Dienstweg". Was im Einzelnen stattfindet, das hängt nicht allein von der Kreativität oder der Chuzpe der betreffenden Mitarbeiter ab, sondern vor allem von den Gepflogenheiten in der Organisation. Denn jede Organisation hat ihre Identität; und die hat großen Einfluss auf das Verhalten ihrer Mitglieder: vom einfachen Sachbearbeiter bis zur Chefin.

Was die Identität ausmacht, darüber entscheidet nicht etwa das Topmanagement. Auch steht es nicht in irgendwelchen Richtlinien oder Leitbildern. Vielmehr entwickelt sich die Identität einer Organisation von allein. Es braucht nur Menschen, die sich als Mitglied dieser Organisation betrachten und danach handeln, das heißt: anders, als wenn sie nicht Mitglied dieser Organisation wären. Das klingt etwas theoretisch, hat jedoch weit reichende Konsequenzen:

- Lebende Systeme entwickeln sich ständig weiter. Maßnahmen, die gestern noch erfolgreich waren, können heute fehlschlagen.

- Lebende Systeme lassen sich nicht von außen steuern oder kontrollieren. Sie steuern sich selbst. Von außen lassen sie sich allenfalls beeinflussen.

- Um ein lebendes System zu verstehen, ist es hilfreich, seine Vorgeschichte zu kennen. Dazu gehören auch (vermeintliche) Neuanfänge und Umbrüche.

- Lebende Systeme nehmen ihre Umwelt wahr. Sie reagieren sensibel auf Veränderungen und verhalten sich adaptiv.

- Lebende Systeme lassen sich nicht bauen und vorausberechnen. Sie stecken voller Überraschungen.

Lernen von den Pflanzen – grüne Managementbionik

Die lebenden Systeme werden wir aber nicht bloß als Garten oder Ökosystem betrachten und auch nicht als bloße Abstraktion. Wir wollen mitten hineingreifen ins vielfältige, mitunter verblüffende Leben der Pflanzen. Wie schon in dem Buch „Von Bienen und Leitwölfen" folgen wir dabei dem Denkansatz der Bionik. Die wird üblicherweise in der Produktentwicklung eingesetzt. Anregungen aus der Natur (daher „Bio-") greift sie mit dem Ziel auf, sie in brauchbare technische Lösungen zu verwandeln (daher „-nik" von Technik). So dient das Blatt der Lotuspflanze als Vorbild für selbstreinigende Oberflächen. Der sogenannte „Lotuseffekt" sorgt dafür, dass Wasser einfach abperlt und alle Schmutzpartikel aufnimmt. Die besonderen Eigenschaften der Katzenpfoten regten dazu an, einen neuartigen Autoreifen mit besserer Bodenhaftung zu entwickeln. Und die Haifischhaut hat die Ingenieure gleich zu mehreren Innovationen inspiriert: Klebefolie für Flugzeuge, um ihren Spritverbrauch zu senken, Schwimmanzüge für Sportler, um sie schneller zu machen, und einen Spezialanstrich für Schiffe, um zu verhindern, dass sich Muscheln und Seepocken am Rumpf festsetzen.

Nun gibt es Bionik schon seit einiger Zeit auch im Bereich von Management, Organisation und anverwandten Themengebieten. Am bekanntesten sind wohl die verschiedenen Spielarten der Schwarmintelligenz und des viralen Marketings sowie das Paradebeispiel der

Organisationsbionik: das amerikanische Unternehmen W. L. Gore, das nach dem Vorbild der Amöbe organisiert ist.

Gore – die Amöbe als Organisationsmetapher

Amöben sind Einzeller, die ihre Form ständig verändern. Nach innen sind sie stabil, nach außen äußerst flexibel. Wenn sie eine gewisse Größe erreicht haben, teilen sie sich einfach. Sie können sich aber auch zu einem „Superorganismus" zusammenschließen. Dabei ist die Amöbe keine Tierart, sondern eine Lebensform, eine weitverbreitete dazu.

In ihrer Kombination von Stabilität und Flexibilität inspirierte sie Organisation und Unternehmenskultur von W. L. Gore & Associates, bekannt durch die Kunststoffmembran „Gore Tex". Bei Gore gilt das Prinzip „no ranks no titles", es gibt keine formale Hierarchie. Die Mitarbeiter organisieren sich selbst in kleinen Teams. Die Leitung übernimmt derjenige, der von den Mitgliedern des Teams gewählt wird. Wenn ein Betrieb zu stark wächst, wird er nach dem Vorbild der Amöbe geteilt. So arbeiten an keinem Standort mehr als 250 Mitarbeiter.

In diesem Buch sollen vor allem die Pflanzen als Inspirationsquelle dienen, gewissermaßen als „grüne Managementbionik". Wie sich zeigen wird, sind pflanzliche Vorbilder nicht weniger bemerkenswert als tierische. In diesem Sinne äußert sich auch der britische Tierfilmer und Naturforscher David Attenborough. Sein Urteil: „Pflanzen sind in vieler Hinsicht sehr viel erfolgreicher als Tiere. Sie waren die ersten, die das Festland unseres Planeten besiedelten, und auch heute noch findet man sie an Orten, an denen kein Tier längere Zeit überleben kann. Pflanzen können viel größer werden als Tiere und auch älter. Und alle Tiere sind in irgendeiner Weise von Pflanzen abhängig."

Landläufig gelten Pflanzen als recht passiv, statisch und duldsam. Doch das wird ihnen nicht gerecht. Pflanzen haben außerordentlich raffinierte Strategien entwickelt, sich zu behaupten und auszubreiten. Pflanzen kooperieren mit den unterschiedlichsten Lebewesen. Sie können sich wehren, sie können kommunizieren. Sie sind äußerst anpassungsfähig und flexibel. Zwar sind sie an einem festen Ort verwurzelt, aber sie sind imstande, sich in bestimmten Lebensphasen fortzubewegen und weite Distanzen zurückzulegen. Sie sind in der Lage, ihre Feinde auf vielfältigste Weise zu täuschen und andere Organismen für sich einzuspannen. Pflanzen betreiben wirksame Werbung und wirtschaften klug mit ihren Ressourcen. Und schließlich verfügen manche Pflanzen über Eigenschaften, die wir auch vorbildlichen Organisationen zuschreiben: insbesondere ihre mehr oder weniger tiefe Verwurzelung, die ihnen Halt und Kraft gibt, aber auch Phänomene wie stetiges Wachstum, die Blütezeit oder das Hervorbringen von Früchten.

Die Kraft von überzeugenden Metaphern

Über eines sollten wir uns allerdings im Klaren sein: Die Beispiele aus der Pflanzenwelt beweisen gar nichts. Es handelt sich nicht um irgendwelche Lehren, die uns „die Natur" erteilen will, oder gar um „Naturgesetze der Führung". So etwas abzuleiten wäre anmaßend, um nicht zu sagen: totalitär. Denn genau das zeichnet totalitäre Ideologien aus: Für soziale Phänomene werden „Naturgesetze" formuliert, die keinerlei Entscheidungsfreiheit mehr zulassen. Wir haben keine andere Wahl als ihnen zu folgen.

Davon kann hier keine Rede sein. Sowohl die Pflanzen als auch die unterschiedlichen Methoden der Gartenpflege sind als Metaphern zu verstehen. Eine Metapher ist nicht wörtlich gemeint, sie ist ein sprachliches Bild, das etwas veranschaulichen soll – vorzugsweise Sachverhalte, die neu sind, abstrakt oder komplex. Um sie zu begreifen, brauchen wir Metaphern. Sie sind unser „sprachliches Wahrnehmungsorgan", wie der Medienwissenschaftler Neil Postman meinte. Und das ist natürlich nichts anderes als eine Metapher für Metaphern.

Häufig sind wir uns gar nicht bewusst, dass wir uns in einem bestimmten Metaphernraum bewegen. Bestimmte Metaphern sind so sehr in den allgemeinen Sprachgebrauch übergegangen, dass sie uns gar nicht mehr auffallen. Etwa wenn wir Wasser als Metapher für Geld verwenden. Wir reden von „Geldströmen", die irgendwo „hinfließen", jemand ist „flüssig" oder „liquide", Geldvermögen werden „eingefroren" und „Geldquellen" „sprudeln", „versiegen" oder werden „angezapft".

Auch wenn wir über Führung und Unternehmen sprechen, greifen wir auf Metaphern zurück. Es lohnt sich, diese Metaphern genauer zu betrachten. Denn sie erzeugen bestimmte Vorstellungen und setzen damit den Rahmen, wie wir über dieses Thema denken, was wir für möglich und wünschenswert halten.

Die Führungsebene

Wer andere führen soll, wird der „Führungsebene" zugerechnet. Das heißt, er befindet sich nicht auf gleicher Höhe mit denen, die er führen soll, sondern ist ihnen übergeordnet. Die „Führungsebene" bildet gleichsam ein eigenes Stockwerk, und zwar ein höheres. Von der Führungsebene aus haben Sie den besseren Überblick. Ihre Sicht reicht weiter und Sie nehmen das Treiben Ihrer Mitarbeiter „von oben" wahr. Sie schauen ihnen auf den Kopf.

Es gibt noch eine Fülle anderer Metaphern, die unsere Annahmen über Führung prägen. Von der Maschine war bereits die Rede. Weitere gebräuchliche Metaphern entstammen dem Militär (etwa die „Strategie" oder die „Kundenfront"). Oder sie beziehen sich auf den Körper, wobei die Führung mit dem „Kopf" oder noch genauer: mit dem Hirn in Verbindung gebracht wird.

In diesem Buch sollen neue Metaphern ins Spiel gebracht werden, Metaphern aus der Welt von Pflanzen und Garten. Damit wollen wir den Rahmen verschieben, neue Möglichkeiten entdecken und den Anstoß zu einer anderen, einer besseren Führungskultur geben. Auf eine kurze Formel gebracht: Im Garten ist das Ziel nicht die Steuerung, sondern die Kultivierung der Pflanzen.

Von der Wurzel her denken

In einem wesentlichen Punkt kehrt die Pflanzenmetapher unsere Vorstellung von Führung um: Der entscheidende Teil der Pflanze, gewissermaßen ihr „Gehirn", befindet sich nicht „oben", sondern „unten". Es handelt sich um ihre Wurzel. Hier laufen viele Signale zusammen und es werden Pflanzenhormone hergestellt. Es sind die Wurzeln, die der Pflanze Halt geben.

Auf der Spielwiese des Managements

Nun scheint der Garten in einem wesentlichen Punkt der Sphäre der Ökonomie zumindest entrückt: In ihm geht es nicht um Nützlichkeit, Verwertbarkeit und Produktivität, sondern um Hingabe, Schönheit und Distanz zum geschäftigen Alltag. Wird im Garten Gemüse gezogen, so geschieht dies gerade nicht in Hinblick darauf, ob sich die Sache rechnet, sondern wie viel Genuss und Erfüllung sie bereitet. Wenn wir schon von einem Ort reden, an dem Pflanzen kultiviert werden, wäre dann nicht der Acker oder die Plantage geeigneter? Das Gegenteil ist der Fall.

Denn es ist ja gerade der besondere Vorzug des Gartens, dass er nicht der strengen Verwertungslogik unterliegt wie Acker und Plantage, die sich im Vergleich zum Garten doch eher monoton ausnehmen. Im Garten können wir die Dinge freier gestalten, so wie wir wollen. Wir gehen großzügiger mit ihm um, spielerischer, schöpferischer. Und genau darum geht es in diesem Buch. Nennen wir es den Geist der Spielwiese.

Unsere Zivilisation beginnt im Garten

Der Kulturwissenschaftler Robert Harrison von der Universität Stanford hat darauf hingewiesen: Es gibt durchaus die Vorstellung, dass die Menschen, noch bevor sie Ackerbau betrieben, Gärten anlegten. Denn, so behauptet etwa der italienische Architekt Pietro Laureano, die „ersten schüchternen Versuche", nutzbares Getreide zu züchten, konnten „keine utilitaristischen Ziele" haben. Die Eigenschaften, die das Getreide überhaupt erst verwertbar machten, stellten sich erst nach mehreren Generationen ein. Also, so schließt Laureano, haben die Menschen das Getreide zunächst nicht mit der Absicht angebaut, Nahrungsmittel daraus zu gewinnen.

Gartengespräche

Traditionell ist der Garten auch ein Ort der Geselligkeit, einer, an dem Gespräche geführt werden und zwar durchaus solche mit Tiefgang. Im antiken Griechenland philosophierten Platon, Aristoteles und Epikur in ihren Gärten und unterwiesen dort ihre Schüler. Epikurs Einrichtung hieß auch „die Gartenschule", während Platon seine Tätigkeit als philosophischer Lehrer mit der des Gärtners verglich. So wie der Gärtner das Leben kultiviert, aber nicht hervorbringt, kann der philosophische Lehrer Erkenntnisse nicht erzeugen, sondern nur die Voraussetzungen schaffen, dass sein Schüler selbst zur Erkenntnis gelangt.

Ob im mittelalterlichen Klostergarten, in den italienischen Gartenakademien der Renaissance oder den Lustgärten des Barock, die Gespräche „im Freien" sind schon immer von besonderer Art. Sie sind zwanglos, anregend, mitunter ausgelassen und beschwingt. Man ist an der frischen Luft, womöglich in Bewegung, umgeben von sattem Grün. Zugleich aber an einem umgrenzten, geschützten Ort. Das Wort „Garten" leitet sich denn auch von der „Gerte" ab und meint ursprünglich das von Weidenruten, den Gerten, umzäunte Gelände.

Es gibt kaum einen besseren Ort, um Ideen zu ventilieren. Im Garten sind wir entspannter und gelöster, unser Geist ist offener als in ungelüfteten Büros und Besprechungsräumen. Insoweit ist es gewiss keine schlechte Idee, den Gedankenaustausch gelegentlich in einen Garten zu verlegen, buchstäblich einen „Garten des Managements".

Diese gute Tradition soll auch in diesem Buch gepflegt werden. Und so steht am Ende aller folgenden Kapitel ein „Gartengespräch". Als wortgewandte Gäste erwarten wir die Management-Trainerin Sabine Asgodom, den Sozialpsychologen Professor Dieter Frey, den Innovationsexperten Professor Oliver Gassmann, den Managementvordenker Professor Gunter Dueck, den Experten für Evolutionäres Management Dr. Klaus-Stephan Otto, den Nachhaltigkeitsberater Dr. Stefan Rösler und den Guerilla-Gärtner Sébastien Godon.

Im Hausgarten: Ein neues Selbstverständnis von Führung

„Alle Dinge in diesem Garten warten darauf, dass die Sonne höher steigt." – Patrick Lane: What the stones remember

Wenn wir vom Garten sprechen, dann denken wir als erstes an den eigenen Garten, die grüne Erweiterung unseres Zuhauses. Und wenn wir keinen eigenen Garten haben, dann an einen Garten, der unser Garten sein könnte und der ein Haus umgibt, in dem wir wohnen möchten. Das Haus mit Garten ist geradezu der Inbegriff des stabilen, gelungenen Lebens.

Dabei ist die Variationsbreite beträchtlich. Hausgärten gibt es als übersichtliches Stück Rasen, das von ein paar Sträuchern umstellt ist. Als sorgfältig parzelliertes Land mit Abteilungen für Blumen, Obst- und Gemüseanbau, mit Sonnenterrasse, Grillplatz, Kinderschaukel, Vogelhäuschen und Komposthaufen (in Randlage). Oder als üppig zugewucherten Stadturwald mit exotischen Pflanzen und eigenem Feuchtbiotop. Immerhin 17 Millionen Haus- und Kleingärten soll es in Deutschland geben. Zusammen bilden sie eine Fläche von fast einer Million Hektar, das ergäbe einen gigantischen Garten, der knapp viermal so groß wäre wie das Saarland.

Galten früher akkurat durchharkte Beete und kurzgeschnittener Rasen als Ausweis gärtnerischer Meisterschaft, so weist der Trend heute eher in die entgegengesetzte Richtung. Man hat es lieber ein bisschen wild und naturnah, mit einheimischen Gewächsen, bunten Blumenwiesen, Natursteinen und Totholz, in dem die wilden Bienen nisten. Dabei bekommt ein solcher Garten nicht unbedingt weniger Pflege als einer, in dem jeder Grashalm stramm steht. Allerdings ist die Pflege jeweils ganz verschiedener Art, wie wir gleich sehen werden.

Einen Hausgarten anzulegen und zu pflegen, ist eine recht komplexe Aufgabe. Zugleich ist sie anschaulich. Daher ist der Garten ein geeignetes Sinnbild, um unseren Umgang mit Komplexität zu verdeutlichen.

Zeige deinen Garten

Wir betreten einen Hausgarten und haben sofort einen Eindruck von seinem besonderen Charakter. Wie gut gedeihen hier die Pflanzen? Was wächst hier überhaupt? Brave, unauffällige Sträucher oder spektakuläre Exoten mit fetten, farbigen Blütenblättern? Wirkt der Garten eher verspielt oder streng? Vielfältig oder einheitlich? Hell, abweisend oder geheimnisvoll? Wie viel Lebendigkeit strahlt er aus? Will er uns überwältigen oder entfaltet er einen spröden Charme? Wirkt er wie aus einem Guss, wie eine Erzählung mit immer neuen, überraschenden Wendungen oder einfach nur zusammengestoppelt?

Interessanterweise ist es fast immer *eine* Person, die so etwas wie die Oberhoheit hat, auch wenn mehrere den Garten nutzen und ihren Beitrag zu seiner Gestaltung leisten. Doch an dieser einen Person kommen die anderen nicht vorbei. Sie ist die Bestimmerin. Allenfalls werden die Beiträge der anderen geduldet oder behutsam korrigiert. Manchmal wird der Garten auch aufgeteilt, aber das sieht man ihm meist auch an. Selten kommt eine harmonische Gesamtheit dabei heraus. Aber auch sonst bleiben viele Hausgärten hinter ihren Möglichkeiten zurück. Und gerade das macht sie so interessant.

Die fatalen Strategien der 7 Gartenzwerge

Der Blick in den Garten verrät uns etwas über den Umgang mit Komplexität. Bevor wir den Könnern genauer auf die Gartenhandschuhe sehen, wenden wir uns denen zu, die nicht ganz so beeindruckende Ergebnisse zustande bringen. Denn ihr Beispiel illustriert, wo auch Führungskräfte im Umgang mit Komplexität typische Defizite haben. Und weil es gerade sieben Typen sind, deren Bilanz nicht so kolossal ausfällt, haben wir sie dem Thema gemäß „die sieben Gartenzwerge" genannt.

Der penible Ordnungszwerg

Wir haben ihn schon kurz erwähnt. Früher stand er in hohem Ansehen. Man dachte: Gärtnern geht so; und alle anderen sind ein bisschen nachlässig. Der penible Ordnungszwerg meint das noch heute. Denn sein Garten ist immer aufgeräumt. Die Pflanzen stehen in Reih und Glied, auf eine einheitliche Größe gebracht, und auch die Abstände zwischen ihnen sind regelmäßig. Unkraut wird mit der Wurzel ausgerupft, abgefallenes Laub zusammengeharkt und weggeschafft. Die Rasenkanten sind wie mit einem Lineal gezogen. Und der penible Ordnungszwerg vergisst auch nicht, zwischen den Steinplatten regelmäßig Moos zu entfernen.

Was diesen Garten so bedrückend macht: Es steckt kein Leben darin, sondern es herrscht eiserner Zwang. Jede Abweichung, jeder Trieb, der die vorgesehene Ordnung stören könnte, wird zurückgestutzt. Den Pflanzen wird kein Eigenleben zugestanden; sie bilden nur die Kulisse für die Aufräumarbeiten des peniblen Ordnungzwergs. Denn darum geht es ihm in der Hauptsache: dem Durcheinander, der Unvorsehbarkeit und Komplexität des Lebens eine stabile Ordnung aufzuzwingen, *seine* Ordnung.

Es liegt auf der Hand, dass diese Art der Gartenpflege aufwändig, ein wenig eintönig und mühsam ist. Doch spricht das aus der Sicht des peniblen Ordnungszwergs nicht gegen, sondern für diese Methode. Ohne ständige Überwachung, ohne sein dauerndes Eingreifen würde die Sache sofort aus dem Ruder laufen und das Chaos losbrechen. Und in gewisser Weise hat der penible Ordnungszwerg damit Recht. Denn sobald er mit seinen Anstrengungen nachlässt, regt sich Widerstand. Beete wuchern zu, Wurzeln treiben aus, Tiere besuchen seinen Garten und hinterlassen Spuren. Um das zu verhindern, ist er unermüdlich im Einsatz.

Dabei schafft er mit seiner rigiden Ordnung überhaupt erst die Ursache für die drohenden Regelverletzungen. Aber genau das ist es ja, worin er seine Erfüllung findet. In gewisser Hinsicht ist der ganze Garten gegen ihn. Aber ihm gelingt es dennoch, seine Vorstellungen durchzusetzen. Er hat seinen Garten nicht ohne Grund so angelegt, dass jeder Regelverstoß sofort sichtbar ist. Einmal erleichtert ihm das die Kontrolle. Dann aber soll auch jeder Besucher des Gartens beeindruckt feststellen, dass der rigide Ordnungszwerg alles fest im Griff hat, allerdings entgeht ihm auch nicht, wie öde und seelenlos dieser Garten ist.

Der penible Ordnungszwerg im Führungsalltag

Der Führungsstil der peniblen Ordnungszwerge ist zwar etwas in Verruf geraten, doch ist er keineswegs ausgestorben. Gerade in Krisenzeiten besinnt man sich immer wieder gerne auf seine Prinzipien. Wenn alles unsicher scheint und uns die Komplexität wieder einmal über den Kopf zu wachsen droht, soll eine rigide Ordnung für den nötigen Halt sorgen. Man muss dann nur die Einhaltung der Regeln kontrollieren. Die sind so streng und/oder so willkürlich, dass sofort dagegen verstoßen wird, sobald der Aufpasser nicht hinsieht. Das wiederum bestärkt den peniblen Ordnungszwerg darin, die Daumenschrauben noch fester anzuziehen. Dadurch entmutigt er seine Mitarbeiter noch mehr. Aber immerhin hat er eine schlüssige Erklärung dafür, wenn die Dinge nicht so gelingen wie geplant. Die anderen sind schuld, weil sie sich nicht an seine Vorgaben gehalten haben.

Gelegentlich zieht er die Aufgaben gleich an sich, weil niemand sonst in der Lage ist, sie zu seiner Zufriedenheit zu erledigen. Dabei leistet er mitunter Erstaunliches. Er allein. Doch das bestätigt ihn nur in seiner Ansicht, dass seine Mitarbeiter unfähige Nullen sind. Es liegt auf der Hand, dass dies nicht gerade zu Höchstleistungen anspornt. Wer sich ihm entziehen kann, der nutzt die Gelegenheit und wechselt die Stelle. Qualifizierte Mitarbeiter kann er selten lange an sich binden.

Strategie des peniblen Ordnungszwergs: Komplexität und Unsicherheit ersetzen durch rigide/willkürliche Regeln. Deren Einhaltung überwachen. Schuld zuweisen. Erfolg danach bemessen, inwieweit die Regeln eingehalten wurden.

Der Zwerg „Pflegeleicht"

Seine Ansprüche sind nicht hoch, aber sie sind klar definiert: Nur keine Scherereien mit dem Garten. Je weniger Mühe dieser macht, desto besser. Pflanzen, die in ihm Platz finden, müssen vor allem robust sein. Der Zwerg „Pflegeleicht" hat nicht die Absicht, sich näher mit den Eigenarten bestimmter Gewächse zu befassen, welchen Boden sie brauchen und wie viel Wasser, ob sie im Schatten besser gedeihen als in der Sonne. Das ist viel zu kompliziert. Und der Zwerg „Pflegeleicht" hasst alles, was kompliziert ist.

Daher gehört sein Garten nicht gerade zu den ästhetischen Höhepunkten. Sehr viel „Grünzeug" wächst darin, also nichts, was blüht oder schlimmer noch: Früchte trägt, die der Zwerg „Pflegeleicht" dann ernten oder aufsammeln müsste. „Modell Nordfriedhof" hat ein Kenner solche anspruchslosen Grünanlagen einmal genannt. Es geht einem nicht gerade das Herz auf, wenn man sich in ihnen befindet. Und doch erfüllen sie ihren Zweck. Der Zwerg „Pflegeleicht" hat ausreichend wohlgeordnetes Grün vor dem Fenster und das bei minimalem Aufwand. Daher ist er fest davon überzeugt, dass er unter dem Strich den besten Schnitt von allen macht.

Zwerg „Pflegeleicht" im Führungsalltag

Auf den ersten Blick scheint seine Methode ja einiges für sich zu haben: Halte die Dinge so einfach wie möglich. Mache es dir nicht unnötig kompliziert. Die Sache ist nur: Vieles, mit dem Führungskräfte zu tun haben, *ist* kompliziert. Probleme lösen sich nicht dadurch, dass man sie radikal vereinfacht und alles ignoriert, was komplex und irgendwie schwierig aussieht.

Der Zwerg „Pflegeleicht" bevorzugt Mitarbeiter, die keine Schwierigkeiten machen und so funktionieren, wie er sich das vorstellt. Wer nicht in sein Schema passt, der hat Pech gehabt. Er hat keinerlei Interesse, sich mit den Eigenarten seiner Mitarbeiter auseinanderzusetzen. Das ist ihm zu kompliziert. Die Mitarbeiter sollen sich ihm anpassen. Sie sollen robust, einfach und anspruchslos sein wie ein Ginsterbusch. Im Ergebnis führt das zum erwähnten „Modell Nordfriedhof". Denn gerade qualifizierte, eigensinnige und kreative Mitarbeiter, die etwas in Bewegung setzen, brauchen besondere Pflege. Sonst verkümmern ihre Talente oder sie suchen sich einen anderen Ort, an dem sie wachsen und gedeihen können.

Dem Zwerg „Pflegeleicht" ist das nur recht. Denn er ist der festen Überzeugung, dass solche heiklen Gewächse nicht in sein Team passen. Das stimmt sogar. Aber genau das ist ja der Grund dafür, dass in seiner Abteilung nur Mittelmaß gedeiht.

> *Strategie des Zwergs „Pflegeleicht": Komplexität und Unsicherheit ignorieren. Alles möglichst einfach halten. Was schwierig bleibt, beiseite schieben.*

Der Maschinenzwerg

An einem Garten interessieren ihn nicht so sehr die Pflanzen, die sich darin befinden. Für ihn hat dieser Ort einen ganz anderen Sinn. Er muss ausreichend Gelegenheit bieten, große, dröhnende Maschinen in Gang zu setzen. Wie zum Beispiel einen Sitzrasenmäher. Dazu muss die Rasenfläche gar nicht besonders groß sein, solange nur ausreichend Platz zum Wenden vorhanden ist.

Ein zweites unverzichtbares Gerät ist der Laubbläser. Bäume sind für den Maschinenzwerg vor allem dazu da, die Blätter abzuwerfen, die er benötigt, um sie mit dem ohrenbetäubenden Laubbläser aufzuwirbeln. Aus diesen Wirbeln entstehen allmählich kleine Haufen, die er als Abfall entsorgt, um den Igeln keine Gelegenheit zu geben, sich dort zu verkriechen. Denn Tiere haben in seinem Garten nichts zu suchen. Es sei denn, sie werden mit Strom betrieben.

Das dritte Exemplar aus seinem Maschinenpark ist eine Motorsäge, ersatzweise ein elektrischer Heckenschneider, der allerdings nicht ganz so viel Krach macht, dafür aber länger im Einsatz ist. Komplettiert wird sein Arsenal durch Kleingeräte zum Trimmen der Rasenkanten oder Jäten von Unkraut. Und im Frühjahr wird ein lärmender Vertikutierer gemietet, um den Boden wieder aufzulockern, den der Maschinenzwerg zuvor mit seinen emsigen Fahrten auf dem schweren Sitzrasenmäher fest zusammengepresst hat.

Durch den Einsatz seiner lauten Geräte verschafft er sich das Wohlgefühl von Dominanz, Stärke und Macht. Er beherrscht seine Maschinen und seine Maschinen beherrschen den Garten. Damit sind für ihn im Wesentlichen alle Probleme gelöst. Entwickeln sich die Pflanzen dennoch nicht so, wie er es gerne hätte, werden sie ausgetauscht. So einfach ist das, findet der Maschinenzwerg. Doch sein Garten wirkt immer etwas trostlos.

Der Maschinenzwerg im Führungsalltag

Die Menschen, für die er verantwortlich ist, interessieren ihn nicht. Aber die Techniken und Tools, sie zu führen, findet er faszinierend. Es bereitet ihm Vergnügen, sie einzusetzen. Und wenn die Mitarbeiter gar nicht merken, welche Methode er gerade verwendet, so verschafft ihm das ein regelrechtes Triumphgefühl. Dabei ist er alles andere als ein Machtmensch. Vielmehr genießt er es, wenn die Instrumente, über die er verfügt, ihre Wirkung tun. Darüber hinaus hat er nicht viel zu bieten. Er kennt seine Mitarbeiter nicht und weiß nicht, wie er ihre Fähigkeiten zur Entfaltung bringen kann. Auch persönlich hat er zu wenig Substanz; er ist kein Vorbild, an dem man sich orientieren könnte. Er ist ein Technokrat, der nur so gut ist wie die Instrumente, die ihm zu Verfügung stehen. Früher oder später kommt er an seine Grenzen. Dann werden seine Ergebnisse mittelmäßig. Und nicht nur das. Maschinenzwerge sorgen immer wieder für menschliche Enttäuschungen.

Strategie des Maschinenzwergs: Komplexität und Unsicherheit durch geeignete Tools und Techniken beherrschen. Die Grenzen seiner Techniken sind die Grenzen seiner Welt.

Der Verwilderungszwerg

„Anarchie ist machbar, Herr Nachbar", lautet seine Botschaft. Doch stößt er damit gerade bei seinen Nachbarn häufig auf Unverständnis, ja auf Ablehnung. Der Verwilderungszwerg lässt den Dingen ihren Lauf, in der festen Überzeugung, die Natur werde schon dafür sorgen, dass sich letztlich alles zum Besten fügt. Im Ergebnis führt das dazu, dass in seinem Garten empfindliche Pflanzen keine Chance haben, sondern robuste Gewächse die Herrschaft übernehmen und sich ungehemmt ausbreiten. Auch über die Grenzen seines Gartens hinaus. Und eben damit sorgt er bei seinen Nachbarn für die erwähnte Verstimmung.

Dabei ist sein Ansatz zunächst einmal gar nicht so falsch. Gut gemeinte, aber unbedachte Eingriffe richten im Reich der Pflanzen häufig mehr Schaden an, als dass sie nutzen. Vieles reguliert sich tatsächlich von allein, wenn man nur die nötige Geduld aufbringt. Pflanzen sind keineswegs passiv, sie reagieren auf Veränderungen, setzen sich zur Wehr und vollbringen bemerkenswerte Anpassungsleistungen.

Allerdings sorgt dieses freie Spiel der Kräfte keineswegs dafür, dass ein ansehnlicher Garten dabei herauskommt. Vielmehr entsteht geradezu die Verneinung eines Gartens, nämlich zugewuchertes Brachland. Die typischen Gartenpflanzen werden ohne gärtnerischen Beistand von Gewächsen verdrängt, die in kultivierten Gärten gerade nicht willkommene Gäste sind. Der Verwilderungszwerg freut sich hingegen über den vermeintlichen Triumph der Natur.

Der Verwilderungszwerg im Führungsalltag

Unter Vorgesetzten findet man so gut wie keinen echten Verwilderungszwerg. Doch greifen manche Führungskräfte gelegentlich auf seine Methode zurück, um sich schwierige Entscheidungen vom Hals zu halten. „Macht das unter euch aus", erklären sie versonnen ihren Mitarbeitern, die ein klärendes Wort erwarten. Dabei sind die Folgen einer Entscheidung nicht ohne Weiteres absehbar. Doch hat der Gefragte nicht die Absicht, tiefer in die Materie einzusteigen und sich in irgendetwas hineinziehen zu lassen. Also spielt er den Verwilderungszwerg und lässt seine Leute mal machen, auch wenn er ahnt, dass sich nicht unbedingt derjenige durchsetzen wird, der Recht hat, sondern die robustere Betriebspflanze.

Doch anders als der echte Verwilderungszwerg scheut sich der Vorgesetzte keineswegs einzugreifen, wenn eine Entwicklung eintritt, mit der er nicht einverstanden ist. Dann hat er sogar schon einen, den er dafür verantwortlich machen kann, nämlich die robuste Betriebspflanze.

Mit solchen Manövern bewegen wir uns auf dem unwegsamen Gelände der Machtspiele (➔ das Buch „Machtspiele" vom selben Autor). Was aber weit problematischer ist: Mitarbeiter und/oder Projekte, die eigentlich den besonderen Schutz des Vorgesetzten gebraucht hätten, werden an den Rand gedrängt. Sie gehen unter.

> *Strategie des Verwilderungszwergs: Komplexität und Unsicherheit hinnehmen. Nicht eingreifen. Das Handeln anderer überlassen. Das Ergebnis als „beste Lösung" hinstellen.*

Der Messzwerg

Als einer der wenigen besitzt der Messzwerg einen maßstabsgetreuen Plan von seinem Garten. In ihm sind die unterschiedlichen Bepflanzungen, die Wege, die Beete, die Bodenqualität, die Höhenunterschiede, die Strom- und Wasseranschlüsse verzeichnet und noch manches mehr. Doch damit nicht genug. Der Messzwerg notiert jeden Tag die Niederschläge sowie die Temperatur am Morgen, Mittag und Abend. Der Messzwerg kennt den pH-Wert der Böden und lässt alle drei Jahre eine Nährstoffanalyse durchführen.

Der Messzwerg weiß Dinge über seinen Garten, von denen andere Gartenbesitzer keine Ahnung haben. Das nützt ihm aber nicht viel. Denn er hat nur jede Menge Anhaltspunkte, was er wo pflanzen könnte und wo er wie viel Dünger hinstreuen sollte. Doch was ihm fehlt, das ist ein schlüssiges Gesamtbild. Im Grunde weiß er gar nicht so recht, was er mit seinem Garten anfangen soll.

Deshalb sucht der Messzwerg Sicherheit in den zahlreichen Daten über seinen Garten, doch eben die findet er nicht. Vielmehr tritt der gegenteilige Effekt ein: Je mehr Messergebnisse er hat, umso unklarer ist ihm, was eigentlich zu tun ist. Die Daten schreiben ihm ja nicht vor, was zu tun ist, wie und wann und was er säen soll, ob er diese oder jene Pflanze besser zurückschneidet oder durch eine andere ersetzt. Er muss die Messergebnisse deuten – und das ist umso schwieriger, je mehr man davon hat.

In seinem Garten hält sich der Messzwerg daher eher selten auf. Und wenn, dann ist er damit beschäftigt, die Messergebnisse abzulesen und in die dafür vorgesehenen Tabellen einzutragen. Was zu tun ist, darüber denkt er dann in seinen vier Wänden nach. Denn dort wird er nicht abgelenkt und kann sich am besten auf seine Aufgaben konzentrieren.

Der Messzwerg im Führungsalltag

Im Garten sind Messzwerge nicht sehr verbreitet. Denn es liegt auf der Hand, dass der eigene Garten nicht schöner wird, wenn man einen prallen Sack von Messwerten über ihn zu Verfügung hat und gar nicht mehr weiß, wie er überhaupt aussieht. Dafür gibt es in den Unternehmen umso mehr Messzwerge. Ihre Entscheidungen wollen sie mit möglichst vielen aktuellen Daten absichern. Das ist einerseits verständlich und vom Ansatz auch gar nicht so falsch. Die wichtigsten Kennzahlen sollte man kennen und sich nicht bloß auf sein Bauchgefühl verlassen.

Mehr Messergebnisse, mehr Daten und mehr Informationen verbessern jedoch nicht die Entscheidungen. Das Gegenteil ist der Fall, wie die Entscheidungsforschung zeigt. Darüber hinaus geht uns der Sinn für das Gesamtbild verloren, wenn wir nur auf einzelne Daten, Kennzahlen und Indizes starren. Die können eine Entscheidung zwar begründen, absichern oder auch verhindern, doch Daten – und seien sie auch noch so aktuell, objektiv und vollständig – sollten eine Entscheidung niemals herbeiführen. Um im Bild des Messzwergs zu bleiben: Damit sein Garten gedeihen kann, reicht es nicht aus, Daten zu beobachten. Er muss hinaus in den Garten.

> *Strategie des Messzwergs: Komplexität und Unsicherheit durch möglichst viele Daten reduzieren. Entscheidungen aus der Datenlage ableiten. Nicht den Mut haben, sich ein eigenes Bild zu machen.*

Der Gießkannenzwerg

Lässt der Verwilderungszwerg dem Gesetz der Natur freien Lauf, so tut der Gießkannenzwerg das Gegenteil: Keine Butterblume ist ihm zu gering, um nicht von ihm mit frischem Wasser und einer Handvoll Dünger versorgt zu werden. Er meint es gut mit allen Pflanzen und hat deswegen den lieben langen Tag zu tun.

Doch das Ergebnis seiner Fürsorglichkeit lässt zu wünschen übrig. Seine Pflanzen sind nicht besonders widerstandsfähig; sie haben sich an sein Verwöhnprogramm gewöhnt. Weil sie jeden Tag gegossen werden, haben sie ihre Wurzeln nicht tief in das Erdreich hineingetrieben. Deshalb sind sie nicht so stabil und standfest wie ihre Artgenossen in anderen Gärten. Auch haben sie weniger Nährstoffe gespeichert und trocknen schneller aus. Sie sind auf die tägliche Pflege durch den Gießkannenzwerg angewiesen.

Bleibt die einmal aus, dann geht es dem gesamten Garten schlecht. Einige Pflanzen gehen ein und müssen ersetzt werden. Die neuen Exemplare blühen erst einmal gewaltig auf. Doch gewöhnen auch sie sich schnell an die Vorzugsbehandlung durch den Gießkannenzwerg. Obwohl der sich so viel Mühe mit seinen Pflanzen gibt, sieht sein Garten nicht besser aus als der seiner Nachbarn, sondern eher schlechter.

Es kommt noch etwas hinzu: Bei seiner Pflege verfährt er nach dem „Gießkannenprinzip". Das heißt, jedes Gewächs bekommt gleich viel Wasser und Aufmerksamkeit. Auf den ersten Blick scheint das gerecht. Und es vereinfacht die Zuteilung der Ressourcen. Aber das Ergebnis ist mager. Aus zwei Gründen: Die Pflanzen haben unterschiedliche Bedürfnisse; die eine liebt es eher trocken, während die andere nur bei ausreichender Feuchtigkeit gedeiht. Dann aber wirkt ein Garten auch konturlos, wenn es nicht ein paar Pflanzen gibt, die buchstäblich herausragen und im Mittelpunkt der Aufmerksamkeit stehen. Während andere in ihrem Schatten besser gedeihen.

Der Gießkannenzwerg im Führungsalltag

Gerade Führungskräfte, die es besonders gut meinen, müssen aufpassen, nicht zum Gießkannenzwerg zu werden. Mitarbeiter brauchen Unterstützung, sie wollen aber auch gefordert werden. Manchmal muss man ihnen sogar mehr abverlangen, als sie sich selbst zutrauen. Erst dann können sie über sich hinauswachsen.

Dem Gießkannenzwerg fällt es außerdem schwer, Prioritäten zu setzen. Im Bemühen, jedem gerecht zu werden, verzettelt er sich. Doch wie nicht jede Pflanze im Garten gleich wichtig ist, so sollten sich Führungskräfte auf ein paar wenige, erfolgskritische Punkte konzentrieren. Die Könnerschaft besteht allerdings darin, die richtigen auszuwählen. Nichts ist ärgerlicher, als seine Energie in isolierte Vorzeigeprojekte zu stecken, bei denen nichts herauskommt. An wichtiger Stelle fehlen dann die Ressourcen, sodass die Arbeit der ganzen Abteilung leidet.

Gleiches gilt auch für den Umgang mit den Mitarbeitern. Der Vorgesetzte sollte seine Aufmerksamkeit nicht nach dem Gießkannenprinzip über die Belegschaft verteilen, sondern sie auf diejenigen richten, auf die es ankommt. Das sind im Übrigen nicht immer die, die versuchen, die Aufmerksamkeit des Vorgesetzten auf sich zu lenken. Viel eher ist der Umkehrschluss zutreffend: Die wirklich wichtigen Mitarbeiter sind viel zu beschäftigt, um sich ausgiebig um ihre Imagepflege zu kümmern.

Und dann gibt es noch die „schwierigen Mitarbeiter", die viel Aufmerksamkeit beanspruchen. Hier müssen Führungskräfte darauf achten, dass sie ihre Schlüsselspieler und Leistungsträger nicht aus den Augen verlieren.

Strategie des Gießkannenzwergs: Komplexität und Unsicherheit durch Fürsorge kompensieren. Ressourcen gleichmäßig verteilen, dadurch vermeiden, (womöglich falsche) Prioritäten zu setzen.

Der Mysterienzwerg

Er ist der siebte in der Reihe, denn Sieben ist bekanntlich eine magische Zahl. Und mit allem, was die Schulweisheit sich nicht träumen lässt, kennt sich der Mysterienzwerg bestens aus. Vielleicht sollte man hinzufügen, dass es sich beim Mysterienzwerg häufig um eine Zwergin handelt. Während das Reich der Maschinenzwerge klar männlich dominiert ist, überwiegt bei den Mysterienzwergen das weibliche Element.

In ihrem Garten werden die Pflanzen nach dem Mondkalender gesät, gesägt und geerntet. Und wenn Sie das für eine gute Idee halten, dann steckt auch in Ihnen (wie in den meisten von uns) ein kleiner Mysterienzwerg. Ein bisschen Aberglauben kann sich auch der aufgeklärteste Mensch wohl mal gönnen. So wird von dem dänischen Physiker und Nobelpreisträger Niels Bohr berichtet, er habe ein Hufeisen an seiner Tür angebracht. Auf die verwunderte Frage eines Besuchers, ob er jetzt abergläubisch geworden sei, entgegnete Bohr: „Aber nein, ich habe mir sagen lassen, dass dieses Hufeisen auch dann Glück bringt, wenn man nicht daran glaubt."

Problematisch wird es eben nur, wenn man daran glaubt. Nichts anderes freilich tun die Mysterienzwerge. Für alles haben sie eine Erklärung – und zwar eine ziemlich rätselhafte. Man kann sie nicht verstehen, wenn man ihr System nicht kennt. Und ihr System kennen heißt in aller Regel ihm anzuhängen und hinter den Dingen eine verborgene Wirklichkeit zu vermuten.

Mysterienzwerge glauben nicht an Zufälle. Wenn irgendein Unkraut in ihrem Garten spießt, dann sind sie schon dabei, seine Bedeutung zu erklären. So gibt es Mysterienzwerge, die davon überzeugt sind, die

Natur persönlich schicke ihnen auf diese Weise geheime Botschaften: Wächst Spitzwegerich auf der heimischen Wiese, so ist das ein sicheres Zeichen, dass jemand demnächst einen schweren Husten bekommt. Denn dagegen hilft Spitzwegerichtee.

Mit Mysterienzwergen können Sie nicht diskutieren. Schon gar nicht über ihren Garten. Aber Sie können sicher sein, dass jedes Kräutchen, das da wächst, aus einem guten Grund dort steht. Auch wenn Sie diesen guten Grund niemals verstehen werden.

Der Mysterienzwerg im Führungsalltag

Unter Führungskräften gibt es mehr Mysterienzwerge, als man meint. Denn zugeben wollen es die wenigsten, dass sie ihre Entscheidungen von Aberglaube und Hokuspokus abhängig machen. Aber genau das geschieht offenbar, zumindest wenn man den Vertretern der esoterischen Zunft Glauben schenken will. Nicht nur Staatspräsidenten lassen sich astrologisch beraten, das Pendel kreisen oder vor wichtigen Entscheidungen die Karten legen.

Daneben existieren zahlreiche Spielarten, die sich einen halbwissenschaftlichen Anstrich geben und vor allem psychologisches Vokabular für sich einspannen. Wie jede Quacksalberei versprechen sie Erfolg, Erfolg auf der ganzen Linie, im XXL-Format, geschäftlich, privat, gesundheitlich, seelisch, körperlich, sexuell und sportlich. Man muss nur die betreffende Methode einsetzen. Konsequent und bis zum bitteren Ende.

Solche Mysterien sind Ausdruck einer tief greifenden Orientierungslosigkeit. Weil man mit dem klaren Verstand die Komplexität nicht mehr in den Griff bekommt, flüchtet man sich in abwegige Scheinerklärungen und exotische Systeme. So unterschiedlich die im Einzelnen sind, eines ist ihnen gemeinsam: Sie vermitteln das beruhigende Gefühl, den tieferen Sinn von allem begriffen zu haben. Sie versprechen Sicherheit und radieren jeden Zweifel aus.

Dabei gehören Unsicherheit und Zweifel zu den grundlegenden Voraussetzungen, um Menschen gut zu führen, besser zu führen, als es heute üblich ist (um wieder einmal an den Titel unseres Buchs anzuknüpfen). Natürlich dürfen Unsicherheit und Zweifel nicht überhand nehmen; aber sie öffnen uns für Dinge, die wir voher nicht wahrgenommen haben. Wer nicht zweifelt, verlässt niemals seine eingefahrene Spur. Und wenn die eingefahrene Spur aus lauter Hokuspokus besteht, ist es doppelt schlimm.

Strategie des Mysterienzwergs: Komplexität und Unsicherheit durch esoterische Systeme handhabbar machen. Für alles eine Erklärung haben, die sich jedoch anderen nicht vermitteln lässt.

Führen wie die Gärtner

Sie sind das Vorbild dafür, wie eine bessere Führungskultur aussehen könnte, die Gärtner. Doch warum eigentlich? Vielleicht weil sie am sinnfälligsten das verkörpern, was wir an Führungskräften heute häufig vermissen: Unaufgeregtheit, Beharrlichkeit, Zugewandtheit. Die Freude daran, andere wachsen zu sehen – und nicht sie klein zu machen. Eine Grundhaltung, die wir „im Vorgarten" (→ S. 11) mit „Biophilie" beschrieben haben.

Nur vier von zehn Mitarbeitern wollen bleiben

Nach einer europaweiten Studie von 2010, dem „Krauthammer Observatory", wünschen sich Mitarbeiter von ihren Vorgesetzten vor allem bessere Unterstützung bei ihren Aufgaben und die Bereitschaft Fehler zuzugeben. Daran mangelt es vielfach. Mehr als ein Drittel aller Manager soll sich gegenüber den Befragten „benachteiligend" oder „inaktiv" verhalten. Und nicht einmal ein Viertel hört sich die Ideen der Mitarbeiter an und bestärkt sie darin. So verwundert es nicht, dass nur vier von zehn Mitarbeitern der Aussage zustimmen: „Ich bin entschlossen, in den nächsten zwölf Monaten bei meinem Arbeitgeber zu bleiben."
Eine 2009 durchgeführte Umfrage der Ruhr-Universität Bochum unter dreieinhalbtausend deutschen Arbeitnehmern ergab ähnlich ernüchternde Ergebnisse: 56 Prozent sind mit ihrem Vorgesetzten unzufrieden. Und ein schlechter Chef ist Kündigungsgrund Nummer 1.

Der Gärtner in seinen Gummistiefeln ist keine eindrucksvolle Gestalt, kein „Leader", der mit hochfliegenden Visionen seine Gefolgschaft „begeistert" oder sie „inspiriert", das „Unmögliche zu schaffen". Er hält sich an das Mögliche. Das zu schaffen, ist schon aufregend und auch mühsam genug. Gärtnern geht es um die Sache. Sie pflegen nicht ihr Ego, sondern ihren Garten. Sie haben ihre Pflanzen im Blick und nicht die eigene Grandiosität. Der Garten soll erblühen und nicht der Gärtner.

Dazu brauchen sie Kenntnisse – der Gärtner Pflanzenkenntnis, die Führungskraft Menschenkenntnis. Sie müssen wissen, was ihren Pflanzen gut tut und was sie verkümmern lässt. Sie müssen beobachten können, auch kleine Hinweise deuten – und sie müssen eingreifen, mit beiden Händen in die feuchte oder krümelige Erde hineinfahren. Dabei überschätzen sie keineswegs ihre eigene Bedeutung. Sie sind sich vollkommen darüber im Klaren, dass die Wachstumskräfte, die sie fördern, nicht in ihnen selbst stecken, sondern im Boden und in den Pflanzen. Ihre Leistung besteht darin, anderen buchstäblich den Boden zu bereiten.

Sie sind an Ergebnissen interessiert. Allerdings schauen Gärtner nicht so sehr auf Zahlen, sondern auf den lebenden Organismus. Um dessen Zustand geht es. Und der lässt sich mit Zahlen nur unvollständig erfassen. Zwar sind auch für den Gärtner Messwerte nützlich, aber sie sind nicht das, was er erreichen will. Sie sind ein mehr oder weniger zuverlässiger Indikator dafür, ob die Pflanze gesund ist und gedeiht.

Es kommt noch etwas hinzu: Zahlen sind so etwas wie eine Momentaufnahme, noch dazu aus der Vergangenheit. Ein lebender Organismus steht aber nicht sill. Auch wenn irgendein Ziel erreicht wird, so gibt es immer eine Zeit danach, die nicht weniger wichtig ist. Im Garten gibt es keine Endergebnisse. Zumindest nicht, solange er intakt ist.

Ein guter Gärtner muss langfristig denken. Und in Zyklen. Noch bevor der Winter einbricht, muss er die Blumen für das kommende Frühjahr aussäen. Er weiß, dass seine Pflanzen nicht ewig blühen, dass es Zeit braucht, bis sie reifen, und dass es auch eine Phase der „Saftruhe" gibt, in der sich die Pflanzen regenerieren. Dieser verständige Umgang mit der Zeit ist es, der Führungskräften häufig abgeht, den wir uns aber von ihnen wünschen. Und es gibt noch weitere Aspekte, die wir uns näher anschauen wollen.

Das Gartenzaunprinzip

Das erste, was einen Garten auszeichnet, sind seine Grenzen. Wir haben es ja bereits erwähnt: Das deutsche Wort leitet sich von den Gerten ab, den Weideruten, die zu einem Zaun geflochten wurden, um das Stück Land zu schützen und zu markieren. Bevor es überhaupt losgehen kann mit dem Kultivieren, müssen die Grenzen abgesteckt werden.

Das klingt ein wenig unzeitgemäß im aktuellen Management-Talk. Da zählt größtmögliche Offenheit. Grenzen sind für eine Führungskraft allenfalls dazu da, sie „zu überwinden". „Es kann gar nicht *open* genug sein", hat der Kabarettist Gerhard Polt einmal gesagt. Interdisziplinarität ist das Gebot der Stunde, „Silodenken" führt geradewegs ins Verderben.

Doch das ändert nichts am Befund: Wer seinen Garten bestellen will, muss ihn zunächst einmal einhegen. Er muss wissen, was dazugehört und was nicht. Er braucht eine Vorstellung von seinem Innen und Außen. Das heißt gerade nicht, dass man seinen Garten abschottet. Gartenzäune sind meist recht durchlässige Gebilde – nach beiden Seiten übrigens.

Auch Führungskräfte brauchen diese Unterscheidung zwischen innen und außen. Sie müssen wissen, für welches Terrain Sie zuständig sind. Das schließt die Möglichkeit ein, dass Sie selbst es abstecken. Dazu müssen Sie den anderen deutlich signalisieren, welche Aufgaben, Mitarbeiter und Ressourcen Sie als Teil Ihres Gartens betrachten. Dafür sind Sie zuständig, darum müssen Sie sich kümmern. Solange das nicht klar geregelt ist, haben Sie wenig Aussicht, Ihren Garten zum Blühen zu bringen.

Die Illusion von der „offenen Organisation"

Nun werden in manchen Organisationen die Zuständigkeiten bewusst offen gehalten. Aus zwei Gründen: Man möchte, dass sich möglichst alle verantwortlich fühlen und dem großen Ganzen verpflichtet sind. Der Satz „Dafür bin ich nicht zuständig" steht unter Strafe, zumal wenn er in Gegenwart von Kunden geäußert wird. Als zweiter Grund gilt der rasante Wandel. Alles verändert sich, neue Aufgaben kommen hinzu, andere verschwinden, da müssen Unternehmen ein Höchstmaß an Flexibilität ausbilden. Die klassische Organisation mit ihren starren Abteilungen und festen Zuständigkeiten ist dazu nicht in der Lage; Zuständigkeiten werden fall- und projektbezogen zugeteilt oder ausgehandelt.

Bei näherer Betrachtung fallen beide Gründe jedoch in sich zusammen. Wenn die Zuständigkeiten geregelt sind, heißt das keineswegs, dass alle anderen nun in Lethargie und Gleichgültigkeit versinken. Im Gegenteil, sie sind aufgefordert, denjenigen, der die Verantwortung trägt, zu unterstützen. Und das kann durchaus auch heißen, ihn gegebenenfalls zu vertreten. Zuständigkeiten regeln heißt auch nicht, den Blick für das große Ganze zu verlieren. Vielmehr bedeutet es, Komplexität zu strukturieren.

An dieser Aufgabe kommt man auch nicht vorbei, wenn man die Organisation ständig umbaut, um den wechselnden Anforderungen gerecht zu werden. Was vermutlich gar nicht so eine gute Idee ist, weil man die Unruhe, die draußen stattfindet, zusätzlich noch in die Organisation hineinzieht. Und schließlich ist es weltfremd anzunehmen, man könne die Zuständigkeit auf viele, womöglich alle Schultern verteilen. Wenn im Prinzip jeder zuständig ist, dann ist im Ernstfall niemand zuständig. Man schiebt sich gegenseitig die Verantwortung zu; an einem wird sie schon kleben bleiben. Das ist dann das Gegenteil von echter Verantwortung.

Auch das Aushandeln von Zuständigkeiten hat seine Schattenseiten. Es macht das Unternehmen nicht unbedingt flexibler. Denn es sind zusätzliche Prozesse erforderlich. Das Aushandeln muss organisiert werden. Das kostet Zeit und Ressourcen. Und wenn sich die Parteien nicht einigen können? Wer oder was gibt dann den Ausschlag? Oder muss man auch das fallbezogen absprechen? Der vermeintliche Gewinn ist sehr schnell aufgezehrt.

Wie man seinen Garten zuschneidet

Für den Gärtner geht es nicht darum, ein möglichst großes Stück Land einzuhegen, sondern eines, das er möglichst gut kultivieren kann. Für Führungskräfte bedeutet das zweierlei: Lassen Sie sich nach Möglichkeit nicht die steinigen Böden andienen, auf denen garantiert nichts wächst. Gelegentlich werden einem solche Aufgaben als „besondere Herausforderung" schmackhaft gemacht. Wenn jemand den kargen Boden fruchtbar machen kann, dann doch wohl Sie. Haben Sie nicht schon ganz andere Dinge möglich gemacht? Ein erfahrener Gärtner weiß: Er kann noch so gut sein, auf einem schlechten Boden kann nichts gedeihen. Die kargen Gewächse wird man aber Ihnen zurechnen.

Bestehen Sie darauf: Erst den Boden verbessern

Ein erfahrener Gärtner kennt Abhilfe. Damit doch noch etwas Ansehnliches dem Boden entsprießen kann, muss seine Qualität verbessert werden. Das dauert allerdings seine Zeit und erfordert den Einsatz von Ressourcen. Als Führungskraft sollten Sie darauf bestehen, dass ungünstige Rahmenbedingungen geändert werden und dass Sie ausreichend Zeit haben, die Verbesserungen wirken zu lassen.

Zweiter Punkt: Ihr Garten darf nicht in lauter kleine Parzellen zerfallen. Auch wenn Sie für sehr unterschiedliche Dinge zuständig sind, Ihr Garten also eine bunte Vielfalt enthält, muss er doch aus einem Guss sein. Er braucht eine innere Kohärenz. Häufig sehen Führungspositionen aber anders aus. Sie gleichen einem Garten, der über das ganze Dorf verteilt ist. Die Führungskraft ist für vielerlei Aufgaben und Ressourcen zuständig, die keine Verbindung miteinander haben. Ein solcher Garten ist kaum zu bearbeiten. Wenn Sie ihn nicht neu zuschneiden und Kompetenzen neu regeln, wird das einzige, was hier wächst, Ihre Frustration sein.

Innen und außen

Es ist ein fundamentaler Unterschied, auf welcher Seite des Gartenzauns Sie sich befinden. Das gilt für jede Gruppe, jede Abteilung, jede Organisation. Wie wir miteinander umgehen, welche Bedeutung wir unserem Verhalten geben, das hängt sehr stark davon ab, ob wir uns gerade „drinnen" oder „draußen" befinden. Ja, wir können mit denselben Personen Umgang haben und uns einmal im Innenraum, einmal im Außenraum bewegen. Intern können Sie eine Mitarbeiterin harsch kritisieren und sie nach außen doch in Schutz nehmen. Ja, die harsche Kritik wird überhaupt erst „annehmbar" durch die Gewissheit, dass Sie nach außen hin zu ihr loyal bleiben. Die Unterscheidung zwischen innen und außen festigt den Zusammenhalt. Und eben damit ist es nicht besonders gut bestellt.

Denn im Zuge einer allumfassenden Öffnung sollen Abteilungsgrenzen fallen, die Grenzen zwischen Mitarbeitern und Kunden ebenso, Kunden sollen stärker in das Unternehmen „einbezogen" werden, sie sollen regelrecht mitarbeiten, unfertige Produkte testen oder zusammenschrauben, Innovationen anregen und bisweilen auch die Werbung übernehmen. Mitarbeiter hingegen sollen zu „inneren Kunden" werden, was bei manchen eher zur „inneren Kündigung" führt.

Keine Missverständnisse: Es gibt gute Gründe, Kunden zuzuhören, ihre Ideen aufzugreifen und zu belohnen. Ebenso mag es gute Gründe geben, Abteilungen aufzulösen. Allerdings wird man dann neue Strukturen bilden müssen, die den geänderten Anforderungen besser entsprechen. Dazu gehören auch neue Grenzen, die festlegen, wer unter welchen Bedingungen dazugehört. Kunden gehören gewiss nicht dem Unternehmen an, sonst hören sie auf, Kunden zu sein. Oder das Unternehmen löst sich in einem diffusen Nebel auf.

Es geht nämlich auch darum: Um ein Team, eine Abteilung oder ein Unternehmen zu führen, muss man es immer wieder auch von außen in den Blick nehmen. Aus Kundenperspektive, aus Sicht der Konkurrenz, aus Sicht der Öffentlichkeit zum Beispiel. Auch dazu braucht man Grenzen. Nicht die Rehabilitierung eines engstirnigen Abteilungs- oder „Silodenkens" ist also gemeint, sondern die Ausbildung einer intakten Gruppenidentität.

Bevor Sie Ihren Garten pflegen, sollten Sie ihn einhegen. Wofür sind Sie zuständig? Über welche Mitarbeiter und Ressourcen können Sie verfügen? Ergibt der Zuschnitt Ihres Gartens einen Sinn? Sollten Sie Kompetenzen abgeben oder weitere einfordern?

Vom Pflegen des Gartens

Es gehört zu den grundlegenden Erfahrungen im Garten, dass sich die Dinge dann doch anders entwickeln, als man es sich ausgemalt hat. Dabei ist das Ausmalen sehr wichtig. Es hilft bei der Planung und setzt all die kleinen Aktivitäten in Gang, die später noch wichtig werden. Auch das ist ein gärtnerisches Grundprinzip: In den kleinen unscheinbaren Dingen steckt der Same für alles, was später einmal groß wird. Das können im Übrigen auch große Schwierigkeiten sein, nicht nur die gewaltigen Gewächse, die uns eine reiche Ernte bescheren.

Im Unternehmen können wir uns große Scherereien einhandeln durch einen unbedachten Satz, der hängen bleibt, oder durch Maßnahmen, die auf den ersten Blick völlig logisch scheinen, deren Folgewirkung wir aber nicht bedacht haben.

Das Einzige, was stört, ist der Kunde

Der Inhaber einer Werbeagentur führt Beurteilungsgespräche mit seinen Mitarbeitern. Um sie zu mehr Leistung anzuspornen, vergibt er Punkte. Nach dem Muster: „Sie haben Ihr Niveau nicht gehalten. Zwei Punkte weniger." Oder: „Sie haben sich stark verbessert. Drei Punkte rauf." Ausschlaggebend sind dabei Leistungen, die der Inhaber dem Kunden in Rechnung stellen kann. Stets die besten Bewertungen erhält eine Grafikerin, die sehr schnell und zuverlässig arbeitet, die aber keinen direkten Kontakt zum Kunden hat. Die anderen Mitarbeiter, die sich mit den Kundenwünschen und den ständigen Änderungen herumschlagen müssen, fühlen sich nicht nur benachteiligt. Schlimmer noch, es ist ein klares Signal, dass ihre Kommunikation mit dem Kunden als „unproduktiv" angesehen wird. Um eine gute Bewertung zu bekommen, muss man den Kundenkontakt meiden oder sich möglichst wenig Zeit für ihn nehmen.

Der Inhaber hat die schlichte Tatsache übersehen, dass die gesamte Agentur davon profitiert, wenn sich jemand ausreichend Zeit für den Kunden nimmt.

Das gleiche gilt im positiven Sinn: Wird jemand als Berufseinsteiger oder als Praktikant in einem Unternehmen gut aufgenommen, entwickelt er zu ihm eine andere Beziehung, als wenn man ihn links liegen lässt oder sogar noch schikaniert. Vielleicht wird dieser Praktikant später eine begehrte Fachkraft, die man gerne verpflichten würde.

Oder er leitet ein Unternehmen, mit dem man kooperieren möchte. Es liegt auf der Hand, dass in solche Verhandlungen sehr viel mehr Sympathie und Vertrauen einfließen. Schlechte Erfahrungen dagegen wecken den Wunsch, es den einstigen Peinigern heimzuzahlen. Aber es geht noch weiter: Seine positiven Erlebnisse beim Berufsstart wirken sich vermutlich auch darauf aus, wie er selbst später Neulingen begegnet.

Eingepflanzte Sätze

Was für einen starken Einfluss einzelne Sätze haben können, zeigt ein weit verbreitetes Phänomen. Viele können sich über Jahre und Jahrzehnte an bestimmte Bemerkungen ihrer Vorgesetzten erinnern. Solche, die sie vernichtet haben, aber auch solche, die sie ein Leben lang als Ermutigung in sich tragen, an denen sie sich in schwierigen Zeiten regelrecht festhalten können. Dabei muss den Vorgesetzten selbst gar nicht bewusst sein, welche Bedeutung ihr Satz für den betreffenden Mitarbeiter hat. Er kann völlig lapidar daherkommen.

So schnappte eine spätere Vertriebsleiterin zufällig die Bemerkung ihres Vorgesetzten auf: „Man neigt ja immer dazu, sie zu unterschätzen. Dabei ist sie aus ganz hartem Holz geschnitzt." Gerade in der Beiläufigkeit dieser Bemerkung lag die Anerkennung ihrer Qualitäten. Noch heute kann sie aus diesen beiden Sätzen Energie schöpfen.

Planung und Improvisation

Ohne Planung, ohne Vorbereitung von langer Hand geht es nicht. Blumen, die im Frühling durch die Schneedecke brechen sollen, müssen im Spätherbst als Zwiebel unter die Erde. Obstbäume und Sträucher müssen im richtigen Abstand zueinander gepflanzt werden, damit sie sich später nicht ins Gehege kommen. Ein guter Gärtner braucht eine genaue Vorstellung, wie sich sein Garten entwickeln wird. Zugleich aber kann er sicher sein, dass es so nicht kommen wird. Es gibt so viele Unwägbarkeiten, Faktoren, auf die er keinen Einfluss hat, dass seine Planungen immer wieder zunichte werden.

An erster Stelle ist die Witterung zu nennen. Wie der tschechische Schriftsteller Karel Čapek in seinem Buch „Das Jahr des Gärtners" anmerkt, macht einem passionierten Gärtner das Wetter immer einen Strich durch die Rechnung. Es ist zu trocken oder zu feucht, es herrscht zu lange strenger Frost oder der Boden erwärmt sich zu früh, die Hitze bringt die Pflanzen um oder der Sturm, die Wetterextreme machen dem Garten zu schaffen oder dieses ewige Durchschnittswetter schadet ihm gewaltig. Denn darauf war der Gärtner am wenigsten vorbereitet.

Abhängig vom Wetter, aber doch von ihm zu unterscheiden, ist die alljährlich wiederkehrende Invasion von Schädlingen aller Art: Raupen, Milben, Blattläuse, Käfer, Schnecken, aber auch Unkraut, bei dem sich jeweils die Frage stellt: Ausreißen oder dulden? Aggressiver Eindringling oder willkommener Spontanbesuch heimischer Wildkräuter?

Dann gibt es selbstverständlich noch die Unwägbarkeiten in der Entwicklung der Pflanzen selbst. Manche werden plötzlich krank, andere bekommen einen regelrechten Wachstumsschub, mit dem man nicht gerechnet hat und der gleichfalls Probleme schaffen kann, weil die Nachbarpflanzen darunter leiden.

Die Lösung des Gärtners heißt: Vorbereitet sein. Und improvisieren. Für jede Wetterlage gibt es eine Lösung. Es gibt Gartengeräte, unkonventionelle Hilfsmittel; und Bepflanzungen lassen sich auch ändern. Voraussetzung ist allerdings, dass man seinen Garten möglichst oft aufmerksam durchschreitet und sich anschaut, in welchem Zustand die einzelnen Pflanzen sind. Nicht anders sollte es die Führungskraft mit ihren Mitarbeitern halten.

Schattengewächse, Sommerblumen, Magerwiesen

Im Garten ist es sinnfällig: Es gibt Pflanzen, die brauchen möglichst viel Sonne, andere gedeihen besser im Schatten, manche davon im Schatten bestimmter Pflanzen, deren Blätterschirm gerade die optimale Menge an Licht durchlässt. Auch der Bedarf an Wasser ist unterschiedlich und die Beschaffenheit des Bodens spielt ebenfalls eine entscheidende Rolle.

Dabei sind nährstoffreiche Böden nicht für alle Gewächse geeignet und somit nicht zwangsläufig „gute Böden". Eine Magerwiese zum Beispiel gehört zu den schönsten Flecken im Garten, mit vielen verschiedenen Blumen, Gräsern und Kräutern. Auch manche seltenen Insekten fühlen sich hier wohl. Doch wie der Name schon vermuten lässt: Alles, was hier wächst, braucht einen nährstoffarmen Boden.

Schließlich entwickeln sich die Pflanzen in ihrem jeweils eigenen Tempo. Sie wachsen mit unterschiedlicher Geschwindigkeit. So müssen die Gräser auf der Magerwiese nur zweimal im Jahr gemäht werden, während das bei einem „Fettrasen" einmal pro Woche geschehen kann. Und die Pflanzen blühen zu verschiedenen Zeiten, wenn sie überhaupt blühen. Es gibt die typischen Frühblüher wie die Krokusse, die Narzissen und die Tulpen, Sommerblumen wie Rosen, Lilien und Rittersporn sowie die herbstlichen Nachzügler wie Astern, Alpenveilchen und Anemonen.

Es ist die Vielfalt, die den Garten so lebendig werden lässt. Es ist aber auch die Vielfalt, die dem Gärtner abverlangt, jede Pflanze nach ihrer eigenen Art zu behandeln. Nicht anders ist es in menschlichen Organisationen. Auch dort ist es im Allgemeinen ein Gewinn, wenn Menschen mit unterschiedlichen Qualitäten und Temperamenten zusammenarbeiten. „Diversität" wird das genannt. Und die steht durchaus hoch im Kurs, weil sich gezeigt hat, dass Gruppen mit hoher Diversität häufig innovativer sind und bessere Leistungen erzielen.

Allerdings ist Diversität kein Selbstläufer. Sie muss gemanagt werden. Denn es gibt starke gegenläufige Tendenzen: Gruppen neigen zur Konformität. Wer sich widersetzt, läuft Gefahr, zum Außenseiter oder Sündenbock zu werden. In solchen Fällen nützt auch die bunteste Diversität nichts. Es genügt also nicht, ein Team oder eine Organisation mit einigen Exoten anzureichern. Vielmehr muss die Diversität erhalten werden. Und das ist Aufgabe der Führungskräfte.

Jede Mitarbeiterin, jeder Mitarbeiter ist anders. Alle haben ihre ganz eigenen Stärken, ihre wunden Punkte, ihre Eigenheiten und ihr Milieu, in dem sie sich wohlfühlen. Eine gute Führungskraft weiß das von jedem Einzelnen. Und wenn nicht, dann findet sie es heraus. Manche Mitarbeiter haben nicht einmal etwas dagegen, gefragt zu werden.

Allerdings machen sich gute Führungskräfte darüber hinaus selbst ihr Bild. Sie wissen, wie sie die unterschiedlichen Gewächse ihrer Abteilung zu nehmen haben. Dass sich Herr Heigermoser schnell für etwas begeistert, aber schnell den Mut sinken lässt, sobald erste Schwierigkeiten auftauchen, während es bei Frau Schwarzmann genau umgekehrt ist: Sie nimmt erst alles mit großer Skepsis auf; hat man sie aber gewonnen, dann bleibt sie mit großer Zähigkeit dabei. Beides kann von großem Nutzen sein: Die Begeisterungsfähigkeit von Herrn Heigermoser kann für eine positive Grundstimmung sorgen, während Frau Schwarzmann die kritischen Fragen stellt, die uns auf den einen oder anderen Schwachpunkt aufmerksam machen. Und ihr Durchhaltevermögen kann am Ende dazu führen, dass auch Herr Heigermoser wieder Mut fasst.

Auch unter den Mitarbeitern gibt es Frühblüher und welche, die erst kurz vor Schluss aufblühen und zeigen, was in ihnen steckt. Es gibt Flach- und Tiefwurzler, Schattengewächse und heliophile Sträucher, die für sich einen Platz an der Sonne erobern müssen, um nicht einzugehen. Als Führungskraft kennen und nutzen Sie diese Eigenarten. Und zwar so, dass sie dem großen Ganzen zugute kommen, Ihrem Garten gewissermaßen. Denn auch das gehört zur Gartenpflege: Manche Pflanzen müssen Sie zurückstutzen, damit andere wachsen können.

Gute Führungskräfte kennen die individuellen Qualitäten ihrer Mitarbeiter. Sie setzen sie nach Möglichkeit so ein, dass sie ihre Stärken entfalten können und ihre Schwächen nicht zum Tragen kommen.

Der Umgang mit der Zeit

Man betritt niemals den gleichen Garten zweimal, schreibt die Gartenarchitektin Gabriella Pape. Immer hat sich etwas geändert, Blüten haben sich geöffnet, die Farben wirken intensiver, die Erde riecht am Morgen anders als am Abend. Die Pflanzen wachsen, verkümmern, verholzen, vertrocknen, sterben ab. Der Garten durchläuft eine Vielzahl unterschiedlicher Zyklen: Den Tag- und Nacht-Zyklus, den Zyklus der Jahreszeiten, die Lebenszyklen der unterschiedlichen Gewächse.

Stellen Sie sich das Gleiche einmal für Ihr Unternehmen vor. Sie betreten das gleiche Unternehmen kein zweites Mal. Wie in einem riesigen Garten greifen die verschiedensten Rhythmen und Lebenszyklen ineinander. Menschen sind in unterschiedlicher Tagesform, mal sind sie auf dem Scheitelpunkt ihrer Leistungsfähigkeit, mal brauchen sie eine ausgedehnte „Saftruhe". Aufgaben und Projekte durchlaufen verschiedene Phasen, reifen heran, erreichen ihre Hochphase und sterben dann wieder ab, während neue Aufgaben nachwachsen.

Ein Gespür für den „Biorhythmus"

Alles Lebendige hat seinen eigenen Rhythmus, seinen „Biorhythmus" sozusagen. Es schwingt zwischen Hoch- und Niedrigphasen hin und her, zwischen Aufbau und Abbau, sich sammeln und sich entäußern. Einatmen und Ausatmen, könnte man sagen. Führungskräfte, die immer nur „Hochphasen" dulden, richten jedes lebende System zugrunde: ihre Abteilung, ihre Mitarbeiter und schließlich auch sich selbst.

Nun stehen Führungskräfte oft unter einem gewaltigen Druck, der ihnen genau das abverlangt: ständig und ohne Unterbrechung für Spitzenergebnisse zu sorgen. Dass dies nicht möglich ist, sagt schon der Begriff: Ein „Spitzenergebnis" ragt heraus, es ist einmalig und hört sofort auf ein Spitzenergebnis zu sein, sobald es auch nur ein zweites Mal erreicht wird.

Das heißt keineswegs, dass man seinen Anspruch auf Qualität senken muss. Nur muss man sie anders organisieren. Man muss in Rhythmen denken, Abschwung- und Erholungsphasen einplanen. Und zwar nicht, wie es heute oftmals geschieht: Mitarbeiterin Wilke steht kurz vor dem Zusammenbruch; sie braucht jetzt einmal Ruhe. Damit produziert man nur immer tiefere Erschöpfungszustände, aus denen Frau Wilke irgendwann nicht mehr herauskommt. Vielmehr müssen die betreffenden Phasen miteingeplant werden.

Allerdings nicht schematisch. Man kann jemanden nicht in eine Erholungsphase schicken, der gerade unter Dampf steht. Wie bei den verschiedenen Pflanzen, so sind auch die Phasenlängen der Menschen höchst unterschiedlich. Das Gleiche gilt für Teams, Aufgaben und Projekte. Was wir entwickeln müssen, das ist ein Gespür für ihren jeweiligen „Biorhythmus".

> **Nicht statisch, sondern in Wellen denken!**
> Es wäre genau falsch, diese Sache zu systematisieren, individuelle Biorhythmen aufzustellen und in eine Art Ablaufplan zu fassen. Damit würde das Ganze unnötig kompliziert, ja unpraktikabel. Es geht um das Grundprinzip: in Wellen zu denken und nicht länger statisch. Fragen Sie sich selbst: In welcher Phase befinden Sie sich gerade?

Biorhythmus heißt natürlich auch: Irgendwann geht es wieder nach oben, irgendwann musst du aus deiner „Saftruhe" herauskommen. Einerseits gibt einem das Zuversicht, denn manche, die sich in einem Tief befinden, graben sich regelrecht darin ein, weil sie nicht glauben können, dass sich ihr Zustand jemals wieder ändert. Andererseits verhindert es auch, dass man sich auf dem niedrigen Niveau einrichtet, in seiner „Komfortzone", wie es gelegentlich heißt, oder dass man gar abgeschrieben wird.

Denn auch das unterläuft Führungskräften, die allzu statisch denken. Ihnen hat sich eingeprägt: Mitarbeiter Holtmann braucht Schonung, er ist nicht belastbar. Dass sie ihn nach einer gewissen Zeit wieder fordern müssen, damit er wieder zur Hochform aufläuft, ist ihnen nicht bewusst. Um es deutlich zu sagen: Sie müssen ihn fordern, nicht fragen „Sind Sie wieder so weit, Herr Holtmann?" Denn wenn *Sie* ihn fordern, zeigen Sie ihm: Ich traue Ihnen das zu. Dadurch können Sie weit mehr Energien mobilisieren, als wenn Sie ihn nach seiner Befindlichkeit fragen. Das zeichnet ja eine gute Führungskraft aus: Sie kennt ihre Mitarbeiter und bringt sie dazu über sich hinauszuwachsen.

Frühblüher/Spätblüher: Sequenz-Modelle

Unsere Arbeitswelt ist extrem verdichtet. Das ist gewiss die Ursache für viele Probleme, mit denen wir es heute zu tun haben: den allgegenwärtigen Verschleißerscheinungen und dem Ausbrennen vieler Leistungsträger. Dennoch dürfte die Vorstellung schwer zu vermitteln sein, dass eine Abteilung oder eine Organisation einmal ein paar Gänge herunterschaltet, um in ihrem gesunden „Biorhythmus" zu bleiben.

Eine naheliegende Lösung wäre eine Art „Schaukel-Modus" mit zwei Teams, deren Phasen so zueinander versetzt sind, dass sie sich perfekt ergänzen. Immer wenn das eine Team zur Hochform aufläuft, darf das andere Kraft schöpfen. Immer wenn das eine sich sammelt, ist das andere dabei sich zu entäußern. Das ist gewiss besser als das herkömmliche „Ausbrennmodell". Und doch ist es noch zu starr, zu mechanisch. Womöglich verschiebt sich der Rhythmus der beiden „Schaukeln" zueinander und dann gibt es ein Koordinationsproblem.

Stärker an dem Vorbild des Gartens orientieren sind Sequenzmodelle. So wie es Frühblüher, Sommerblumen und Spätblüher gibt, lassen sich Aufgaben und Teams so organisieren, dass ihre „Blütephasen" aufeinander folgen. Dabei hat der Altmeister des Gartenbaus in Deutschland, Karl Foerster, die kühne Devise ausgegeben: „Es wird durchgeblüht." Ambitionierte Gärtner setzen daher ihren Ehrgeiz daran, auch im Winter noch blühende Pflanzen im Garten zu haben. Und es gibt sie tatsächlich, die „Winterblüher" wie die Schneeforsythie oder Hamamelis. Man muss nur rechtzeitig daran denken, sie zu pflanzen, zumal Winterblüher nur sehr langsam wachsen.

Die „Saftruhe"

In unserer Vorstellung soll eine Führungskraft die Mitarbeiter antreiben und dafür sorgen, dass sie nicht in Lethargie oder Routine versinken. Auch neuere Konzepte betonen die aktivierende und „inspirierende" Funktion, die von Führungskräften ausgehen soll. Im Idealfall jederzeit. Ein Gärtner denkt anders. Er weiß, dass sich die Quellen erst neu füllen müssen, ehe wieder aus ihnen geschöpft werden kann.

Im Gartenjahr gibt es die „Saftruhe", in der alle Lebensvorgänge verlangsamt sind, die Vegetation ausruht, um im Frühjahr mit neuer Kraft hervorzubrechen. Solche Ruhephasen werden im Berufsleben selten bewusst gestaltet. Und schon gar nicht gelten sie als Angelegenheit, um die sich die Führungskraft zu kümmern hätte. Ausgeruht und Kraft getankt werden soll im Urlaub. Doch viele kommen auch im

Urlaub nicht zur Ruhe, weil diese Zeit häufig überfrachtet wird mit Erwartungen aller Art.

Daher wäre es für Führungskräfte eine lohnende Aufgabe, die ständig gehetzten Mitarbeiter buchstäblich zu „beruhigen", ihnen Zeit zu geben, Kraft zu sammeln. Es muss in die Köpfe hinein, dass man solche Ruhephasen braucht, um seine Kräfte zu erhalten. Übrigens auch die eigenen. Denn Führungskräften fällt es häufig besonders schwer, selbst eine „Saftruhe" einzulegen. Dabei ist beides geradezu eine Grundvoraussetzung für Nachhaltigkeit im Management, wobei uns dieses Thema in einem späteren Kapitel noch eingehender beschäftigen wird.

In der „Saftruhe" durchblühen

Wie Sie die „Saftruhe" gestalten, das hängt ganz von Ihrer persönlichen Situation ab. Wer sich stark verausgabt hat, braucht eine regelrechte Auszeit, um sich zu regenerieren. In anderen Fällen hilft es, das Tempo herauszunehmen. Oder Sie konzentrieren sich auf Aktivitäten, bei denen Sie zur Ruhe kommen, und folgen damit der Strategie der „Winterblüher".

Leben mit dem Unvollkommenen

Der Gärtner lebt mit dem Unvollkommenen. Er macht jeden Tag die Erfahrung, dass sein Garten nie ganz in Ordnung kommt. Er kann noch so viel Unkraut rupfen, den Rasen durchlüften, Beete düngen und Büsche zurückschneiden, sein Garten ist nie ganz perfekt. Ständig tauchen neue Probleme auf und die alten bleiben ihm häufig erhalten, auch wenn er sie mit Fleiß und Geschick abmildert.

Der Garten lehrt Gelassenheit und den Umgang mit Chaos, Zerstörung, Fäulnis und Mehltau. Wir können diese destruktiven Kräfte nicht aus der Welt schaffen, sondern allenfalls zügeln. Reinheit gibt es nicht. Wer versucht, sie zu erreichen, verschleißt seine Kräfte und endet im Desaster. Die eigenen Mittel sind beschränkt, auf vieles haben wir auch gar keinen Einfluss. Und gerade deshalb versuchen erfahrene Gärtner das Beste aus dem Unvollkommenen zu machen.

Wie sehr das zutrifft, zeigt sich gerade dort, wo Perfektion eben doch erreicht wird, in den Showgärten. Die Gartenarchitektin Gabriella Pape berichtet anschaulich, wie sie einen Garten für die renommierte Chelsea Flower Show gestalten durfte, ein Wettbewerb unter den besten Gartendesignern, ein gesellschaftliches Großereignis „wie Ascot, nur ohne Hüte", wie Pape anmerkt.

Die Illusion des makellosen Gartens

Auf der Chelsea Flower Show sind die Gärten gerade einmal fünf Tage zu sehen. Die Vorbereitung beginnt knapp ein Jahr vorher. Der Aufwand ist kolossal. So werden 7.000 Pflanzen ein Jahr lang in Spezialgärtnereien hochgepäppelt, damit ein Viertel davon eingepflanzt werden kann. Jede Pflanze soll sich auf ihrem Höhepunkt befinden, es darf kein welkes Blatt zu sehen sein. „Gärten, makelloser als an einem traumhaften Sommertag", schreibt Pape. „Illusionstypische Inszenierungen." Eine solche Inszenierung lässt sich mit äußerster Anstrengung fünf Tage aufrechterhalten. Danach bleiben drei Tage für den Abbau.

Perfektion ist immer nur punktuell erreichbar, in seltenen Momenten, auf die lange hingearbeitet werden muss. Danach beginnt der Verfall oder der Abbau. Für den Gärtner ist Perfektion daher überhaupt nicht anzustreben. Denn er arbeitet ja gerade nicht auf den einzelnen Moment hin, den erlösenden Triumph, sondern er ist ganz damit beschäftigt, den laufenden Betrieb aufrechtzuerhalten. Perfektion und Makellosigkeit passen nicht in sein zeitliches Muster.

Gärtner denken nicht statisch und nicht punktuell, sondern zyklisch. Sie haben eine langfristige Perspektive und richten ihre Aufmerksamkeit auf die jeweiligen „Biorhythmen". Jede Phase gesteigerter Aktivität braucht eine Ruhephase.

Die innere Haltung

Was den Gärtner vor allem auszeichnet und zum Vorbild für Führungskräfte macht, das ist seine innere Haltung. Ein Gärtner herrscht nicht über den Garten. Wenn es Probleme gibt, droht er nicht mit Schließung. Er übt auch keinen Druck aus. Er terrorisiert seine Gewächse nicht mit Planzahlen und Wachstumszielen. Und wenn sie die nicht erreichen, reißt er sie nicht heraus, trampelt nicht auf ihnen herum und sorgt dafür, dass sie in keinem anderen Garten wieder anwachsen.

Ein Gärtner pflegt seinen Garten. Er trägt Sorge, dass seine Pflanzen gedeihen, allerdings nicht über ein zuträgliches Maß hinaus. Pflanzen, die allzu stark wuchern, schneidet er zurück. Ja, wenn sie sich aggressiv über den Garten ausbreiten und das Gedeihen der anderen Pflanzen gefährden, dann werden solche erfolgreichen Turbogewächse nicht als „best performer" gewürdigt, geklont und neu ausgesät, sondern sie werden entfernt. Rücksichtslosigkeit auf Kosten anderer ist im Garten kein Erfolgsrezept.

Setzen Sie rücksichtslose Karrieristen vor die Tür

Robert Sutton, Professor an der Stanford Graduate School of Business, rät nachdrücklich dazu, sich von rücksichtslosen Karrieristen zu trennen. Sogar wenn sie exzellente Ergebnisse liefern. Dies tun sie nämlich oft auf Kosten ihrer Kollegen. So berichtet Sutton von einem Vertriebler, der über Jahre am besten von allen abschnitt. Aber er verhielt sich sehr unkollegial. Die Unternehmensführung zögerte lange, sich von ihm zu trennen. Immerhin war er der Starverkäufer. Schließlich tat sie es doch. Im folgenden Jahr ging die Gesamtzahl der Abschlüsse nicht etwa nach unten, sondern sie stieg an. Der vermeintliche Starverkäufer hatte seine Abschlüsse nur erzielt, weil er die Aufträge seinen Kollegen abgejagt und sie schlecht gemacht hatte.

Zuwendung statt Beurteilungswahn

Ein Gärtner interessiert sich für seine Pflanzen, er möchte sie möglichst genau kennenlernen. Auf diese Weise häuft er einen Erfahrungsschatz an, der ihm hilft, sorgsam mit solchen Gewächsen umzugehen. Hin und wieder unterlaufen ihm Fehler. Aber weil er sich seine Pflanzen sehr genau anschaut, bemerkt er so etwas recht schnell und kann korrigierend eingreifen oder es das nächste Mal besser machen. Wenn seine Pflanzen gedeihen, erfüllt ihn das mit tiefer Zufriedenheit.

Gärtnern nach Zahlen

Stellen wir uns einen Moment lang vor, der Gärtner würde sich so verhalten, wie es heute von vielen Führungskräften erwartet wird: Über die Pflanzen wüsste er nichts, stattdessen würde er ständig irgendwelche Eigenschaften messen, die ihm darüber Auskunft geben sollen, ob es sich um eine gute oder eine schlechte Pflanze handelt. Schlechte Pflanzen würde er aus seinem Garten werfen, gute Pflanzen dürfen bleiben. Gibt es nur noch gute Pflanzen, dann reicht Gutsein nicht mehr aus. Jetzt dürfen nur noch die exzellenten Pflanzen bleiben. Wobei man exzellente Pflanzen daran erkennt, dass sie noch bessere Messergebnisse erzielen. Am Ende bleibt ein grotesker Garten übrig, eine Einöde, in der nur noch langstielige Halme wachsen, mit gierigen Wurzeln und einem scharfen Stachelkranz. Darauf ist der Gärtner stolz. Denn – wir haben es erwähnt – er versteht gar nichts von Pflanzen.

Eine besinnungslose Leistungsüberwachung und -beurteilung führt nicht etwa zu besseren Ergebnissen, zufriedenen Kunden, wachsenden Gewinnen. Vielmehr trainiert sie der Belegschaft eine Mentalität an, die der Managementvordenker Gunter Dueck (Gartengespräch ab Seite 119) als Verwandlung zum „Score-Menschen" beschrieben hat. Solche „Score-Menschen" schauen nur noch auf die Punkte, die sie gewinnen oder auch schinden können. Wer zu wenig Punkte sammelt, fliegt raus. Also bleiben nur die übrig, die nicht anecken und sich am geschicktesten in diesem System bewegen können: „Zweihundert-Prozent-Marionetten".

Im Garten sind keine Punkte zu gewinnen, es gibt nicht einmal „Sieger". Das heißt aber gerade nicht, dass die Mitarbeiter einer solchen Führungskraft, die den Gärtner zum Vorbild nimmt, nichts „leisten" müssten. Im Gegenteil, sie werden immer wieder gefordert – nach ihren Möglichkeiten. Woran sich der Gärtner orientiert, das sind nicht willkürlich festgelegte Leistungsziele, auch nicht das Wohl der einzelnen Pflanze. Worauf es ihm letztlich ankommt, das ist die Gesundheit seines Gartens. Denn nur ein gesunder Garten kann dauerhaft bestehen.

Gute Führungskräfte haben das Ganze im Blick, nicht die Spitzenleistungen einzelner Mitarbeiter, die sie dann fördern. Wer sich auf Kosten seiner Kollegen profiliert, bekommt Schwierigkeiten. Punkte zählen nicht, sondern Leistung.

Gartengespräch mit Sabine Asgodom

Sie gehört zu den bekanntesten Vortragsrednern und Management-Trainern im deutschsprachigen Raum. Und auch als Buchautorin ist sie sehr erfolgreich. Sabine Asgodom steht für Themen wie Persönlichkeitsentwicklung, Life-Work-Balance und Selbst-PR, ein Begriff, den sie Anfang der Neunzigerjahre geprägt hat. Sie ist eine Mutmacherin mit viel Humor und Herzenswärme. Als Trainerin arbeitet sie für Unternehmen, Verbände und Seminaranbieter. Sie coacht Führungskräfte aus Politik und Wirtschaft. Zahlreiche Auszeichnungen hat sie erhalten, der Focus zählte sie zu den „zwölf Erfolgsmachern in Deutschland", die Financial Times Deutschland zu den „101 wichtigsten Frauen der deutschen Wirtschaft". Sie engagiert sich nicht nur beruflich, sondern auch in der Nachwuchsförderung und für soziale Projekte. 2010 erhielt sie für ihr berufliches und ehrenamtliches Engagement das Bundesverdienstkreuz.

Sabine Asgodom steht für Mitarbeiterführung mit Lebensklugheit, Herz und Menschlichkeit. Ihr jüngster Vortrag trägt den Titel „Flourishing – Wie Sie sich und andere zum Erblühen bringen".

Frau Asgodom, welche Beziehung haben Sie zu Gärten?

Asgodom: „Ich bin in einem Garten aufgewachsen, kann man fast sagen. Wir haben damals in einem alten Schulhaus gewohnt, in Niedersachsen, mit einem riesigen Garten. Teil davon war ein Nutzgarten, in dem musste ich mithelfen. Das fand ich als Kind nicht so toll. Woran ich mich gerne erinnere: Es gab in unserem Garten wunderbare Rosenbögen. Und wenn man wie ich im Juli Geburtstag hat, dann standen die in voller Pracht. An meinem Geburtstag.

Der zweite Teil des Gartens bestand aus einer riesigen Wiese. Auf der haben wir praktisch gelebt. Da habe ich mit meinen Freundinnen gespielt. Wir haben Decken ausgelegt und uns vorgestellt, dass wir für die Turnweltmeisterschaft üben. Die meisten Fotos von meiner Familie aus der Zeit zeigen uns, wie wir draußen im Garten sind.

Schließlich gab es noch einen dritten Teil. Und das war ein Garten für die Kinder. Mit Sandkasten, Schaukel und einem Beet für mich. Das durfte ich bepflanzen. Am liebsten habe ich Frühblüher in meinem Beet gehabt: Primeln, Hyazinthen, Vergissmeinnicht. Daraus habe ich schöne, bunte Blumensträuße gemacht."

Da erübrigt sich fast die Frage, welche Art von Garten Ihnen am besten gefällt.

Asgodom: „Ein Bauerngarten. Mit einer bunten Vielfalt an Pflanzen. Mit ganz vielen verschiedenen Blumen. Ein Garten, der Üppigkeit ausstrahlt, keine Strenge. Auch durch die Pflanzen, die darin wachsen. Ich mag zum Beispiel Tränendes Herz oder Pfingstrosen sehr gern."

Warum gefällt Ihnen ein solcher Bauerngarten?

Asgodom: „Weil er bunt ist, natürlich und niemals langweilig. Die Fülle mag ich. Was mir nicht gefällt, das sind künstlich angelegte Gärten. Dort ein exquisites Bäumchen, da ein Steingarten. Nichts für mich. Da bin ich ganz Dorfkind. Ich finde auch Leberblümchen schön. Andere halten die für Unkraut …"

Sprechen wir über die Gärten des Managements: Was zeichnet für Sie eine gute Führungskraft aus?

Asgodom: „Eine gute Führungskraft schätzt die verschiedenen Pflanzen in ihrem Garten. Monokultur ist etwas, das sie vermeidet. Sie hat die Fähigkeit entwickelt, die Eigenständigkeit und Unterschiedlichkeit jedes Mitarbeiters zu erkennen, zu akzeptieren und das Beste daraus zu machen. Es geht um die Frage: Welcher Mensch passt wohin? Manche brauchen möglichst viel Freiheit, anderen muss man möglichst feste Strukturen vorgeben. Sonst kommen sie nicht zurecht.

All das zu erkennen, sich mit den Eigenarten der Menschen zu beschäftigen und sie dort einzusetzen, wo sie hinpassen, das macht erst einmal Mühe. Doch darum geht es beim Thema Führung. Arbeiten können die Leute selbst."

Wenn man sich ein Unternehmen als Pflanze vorstellt, so kehrt das Bild unsere Vorstellung von Führung in einem wesentlichen Punkt um: Der zentrale Teil sitzt nicht oben, es ist nicht der Kopf, sondern es ist die Wurzel. Sollten wir Führung einmal nicht vom Kopf, sondern von der Wurzel her denken?

Asgodom: „Ja, die Wurzel sind die Menschen. Sie sind die Kraft im Unternehmen. Es wäre viel gewonnen, wenn man diese Wurzeln überhaupt erst einmal wahrnimmt. Management von oben, so in der Art ‚management by helicopter', davon halte ich nichts. Die Unternehmen sollten ihre Wurzeln stärken."

Wie wichtig ist es für Menschen verwurzelt zu sein?

Asgodom: „Das ist absolut wichtig, ein menschliches Grundbedürfnis. Der Psychologe Siegfried Brockert sagt: Jeder Mensch muss verwurzelt sein und vernetzt und er braucht Spiritualität. In dem Sinne, dass er weiß: Es gibt etwas Größeres als ich selbst. Also, Menschen brauchen Wurzeln. Sie müssen wissen, wo sie hingehören.

Das ist schon eine Frage der Temperatur. So gibt es warme und kalte Unternehmen. Ich habe einmal in einem sehr kalten Unternehmen gearbeitet. Manche Menschen kommen damit bestens zurecht. Die brauchen regelrecht die Härte und den steinigen Boden, um sich wohlzufühlen. Andere brauchen Torf und Wärme. Sonst verkümmern sie. So gesehen muss der Mensch am richtigen Ort sein.

Der Mensch muss aber auch vernetzt sein. Das heißt, er braucht andere Menschen um sich herum. Auch da gibt es Unterschiede wie bei den Pflanzen. Manche gedeihen besser im Schatten von anderen Gewächsen, andere müssen frei stehen und brauchen Abstand. Und noch etwas habe ich gelernt: Bei Obstpflanzen braucht man mindestens zwei, nämlich männliche und weibliche Pflanzen.

So ist es auch in den Unternehmen. Sie brauchen Männer und Frauen. Dann kommen die besten Ergebnisse dabei heraus.

So etwas sollten Führungskräfte einfach wissen. Heterogene Gruppen bringen bessere Ergebnisse. Deshalb sollten sich Führungskräfte nicht in die Homogenität flüchten und immer die gleiche Sorte um sich herum pflanzen. Aber Heterogenität macht manchen auch Angst. Die sind anders, ist die Empfindung. Und damit kommen manche nicht zurecht und werten die anderen ab. Sie züchten lieber eine Monokultur. Und das ist immer schlecht.

Schließlich noch ein Wort zur Spiritualität. Auch so etwas gibt es in Unternehmen. Wir brauchen etwas, woran wir glauben. Menschen müssen das Warum kennen und nicht einfach nur eine Leistung erbringen. Friedrich Nietzsche hat einmal gesagt: „Wer ein Warum hat, dem ist kein Wie zu schwer."

Führungskräfte werden gelegentlich auch kritisiert, weil sie zu ‚kuschelig' sind. Sie scheuen Konflikte und klare Worte. Und harte Entscheidungen.

Asgodom: „Keine Frage, es gibt auch faule Gärtner. Man kann eine Organisation nicht sich selbst überlassen. Sonst entsteht Chaos. Die Natur überwuchert alles. Für mich ist eine Pflanze wie die Goldrute der reine Horror. Das ist eine Verdrängungspflanze, die sich immer weiter ausbreitet. Das ist kaum mitanzusehen. Oder im Garten sind die Schnecken eine Plage, gegen die man etwas unternehmen muss. Ich sage: Als Chef muss man sich auch einmal hassen lassen. Es gibt Auswüchse, die darf man nicht hinnehmen, sondern denen muss man Einhalt gebieten. Im Übrigen will auch ein Bauerngarten gepflegt sein.

In dem Zusammenhang fällt mir ein, warum mir die Pflanze Tränendes Herz auch so gut gefällt. Ihre Blüte ist ein schönes Sinnbild. Einmal sieht sie so aus, wie ihr Name sagt, nämlich wie ein Herz, aus dem eine Träne tropft. Dreht man die Blüte jedoch um, kann man eine Gondel erkennen, in der eine Prinzessin sitzt. Das gefällt mir. Dass eine Sache plötzlich ganz anders ausschaut, wenn man sie aus verschiedenen Richtungen sieht."

In einem Ihrer Vorträge haben Sie einmal zwei Führungsmodelle erwähnt: Den Klempner und den Gärtner.

Asgodom: „Sie stehen für ein unterschiedliches Verständnis von Führung: Der Klempner meint, er müsse nur am richtigen Schräubchen drehen – und der Mensch ändert sich. Das Gärtnermodell steht hingegen für Gelassenheit. Wenn man am Gras zieht, wächst es auch nicht schneller. Vielmehr muss man den Boden bereiten, eine günstige Atmosphäre schaffen – dann blühen Menschen auf.

Und noch etwas: Der Klempner ist überzeugt, dass durch seine Anstrengung die Änderung zustande kommt. Der Gärtner meint hingegen, dass die Kraft in den Pflanzen steckt. Solche Führungskräfte stellen sich also die Frage: Was brauchen Menschen, um sich wohlzufühlen, damit sie ihre Kräfte entfalten können und die besten Ergebnisse erreichen? Das steckt auch hinter dem Schlagwort „Flourishing", also „Aufblühen", das in der amerikanischen Managementliteratur im Moment stark diskutiert wird."

Der Gärtner schafft die Voraussetzung, dass die Pflanzen aufblühen. Er ist bodenständig, uneitel und an Ergebnissen interessiert. Er ist kein Machtmensch, kein Zahlenmensch, kein Leader oder Visionär.

Asgodom: „Da würde ich widersprechen. Der Gärtner ist schon ein Visionär. Wenn er pflanzt, hat er ein Bild im Kopf, was daraus werden wird. Das zeigt sich auch darin, dass ein guter Gärtner weiß, wie viele Pflanzen man auf einem Quadratmeter anpflanzen kann. Ich überschätze das immer, weil ich nur die kleinen Pflanzen sehe, die ja noch wachsen. Dafür braucht man einen geschulten Blick. Und genau so ist es bei der Potenzialentwicklung von Mitarbeitern. Ein guter Chef weiß bei einem bestimmten Mitarbeiter, wie es sein wird, wenn er erblüht."

Im Obstgarten: Mitarbeiter fördern

„Die Blume verblüht, die Frucht muss treiben." – Friedrich Schiller

Konnte sich der Gärtner im Hausgarten am reinen Wachsen und Gedeihen seiner Pflanzen erfreuen, so kommt nun ein entscheidender Faktor hinzu: Im Obstgarten will er ernten. Dicke süße oder angenehm säuerliche Früchte, ohne Wurmfraß und braune Flecken. Ganz wie im Berufsleben geht es also um Ergebnisse.

Doch die sind durch mannigfache Einflüsse gefährdet: Viren, Pilze, Milben, Würmer, Raupen, Blattläuse, Käfer, Feuerbrand, Hitze, Frost und Kräuselkrankheit. Die Pflanzen bekommen zu viel oder zu wenig Sonne, zu viel oder zu wenig Wasser, die Nachbarpflanzen hemmen das Wachstum. Der Gärtner hat die Obstbäume nicht richtig geschnitten oder er erntet zum falschen Zeitpunkt. Und was die Kirschbäume betrifft, so übernehmen die Vögel gerne einen mehr oder weniger großen Teil der Vorernte.

Dabei gelten Obstbäume als vergleichsweise robust und pflegeleicht. Ihre kritische Phase ist das Einpflanzen, Fußfassen und Hochwachsen, was uns gleich noch näher beschäftigen wird. Haben sich die Bäume erst einmal etabliert, liefern sie meist zuverlässig ihre Früchte, ohne dass man allzu großen Aufwand treiben muss.

Schon etwas empfindlicher sind Erdbeeren, die man gut im Auge behalten und immer ausreichend wässern muss, ohne sie zu ertränken. Dafür sind die Gärtner auch besonders stolz, wenn sie viele Körbe mit süßen roten Früchten füllen können. Zumal wenn sie die Pflanzen als Ableger selbst gezogen haben. Zu solchen Gewächsen entwickeln Sie ein ganz anderes Verhältnis als zu den Fertigpflanzen aus dem Gartencenter. Es sind in weit höherem Maße „ihre" Pflanzen. Und wenn die reichen Ertrag bringen, dann dürfen Sie sich das als persönlichen Erfolg zurechnen.

Dem Erdbeerbeet wenden wir uns am Ende des Kapitels zu. Zunächst einmal sind die Obstbäume an der Reihe. Ohne sie ist ein richtiger Obstgarten gar nicht denkbar. Ohne Sträucher und Stauden schon. Früher hieß der Obstgarten denn auch „Baumgarten".

Von der Ernte her denken

Als Führungskraft stehen Sie vor der gleichen Aufgabe wie der Gärtner bei seinen Obstbäumen. Am Ende soll etwas Gutes dabei herauskommen. Wobei es ein „Ende" im eigentlichen Sinn für den Gärtner ja nicht gibt, wie wir gesehen haben (→ S. 12). Nach der Ernte müssen die Vorbereitungen für die nächste Ernte getroffen werden. Weitblickende Führungskräfte halten es nicht anders und denken von Ernte zu Ernte. Und das heißt im Wesentlichen: an die Zeit dazwischen. Denn die Ernte selbst bringt nichts mehr hervor. Da geht es nur noch um das akurate Abpflücken und Einsammeln.

Im Obstgarten geht es also um das richtige Timing: Was muss wann getan werden, damit die Obstkörbe voll werden? Alles ist Vorbereitung, Wachstum, Austreiben, Baumschnitt, Blüte, die Nutzung kritischer Zeitfenster. Die schließen sich im Obstgarten mindestens so erbarmungslos wie im Betrieb – und dann fällt die Ernte aus.

Wir haben es eben erwähnt: Die kritischen Phasen für Obstbäume sind das Anpflanzen und die ersten Wachstumsjahre. Zum einen sind die junge Bäume empfindlicher, dann aber entscheiden die ersten Jahre auch darüber, wie viele Früchte der Baum überhaupt tragen wird. Bäume, die sich anfangs schlecht entwickeln, holen das nicht mehr auf, auch wenn sich später die Bedingungen verbessern.

Nun ist das bei Mitarbeitern vielleicht nicht ganz so dramatisch. Und doch gilt auch für menschliche Beziehungen: Es kann von Anfang an „der Wurm drin" sein und den wird man nicht mehr so schnell los.

Verpatzte Begrüßung

Frank Mühlberg ist neu in der Firma und hat eine leitende Position übernommen. Als er sich bei seinen Kollegen vorstellen will, die zwanglos vor dem Besprechungszimmer stehen, weiß er nicht recht, wie er den Vertriebsleiter, Herrn Radke, begrüßen soll. Der steht ein wenig abseits und raucht. Er wirkt in sich gekehrt und etwas mürrisch. „Den lass' ich wohl besser in Ruhe", denkt Mühlberg und begrüßt die anderen. Dann überlegt er sich: „Ich kann den doch nicht ignorieren". Er stakst zu Herrn Radke, der drückt gerade seine Zigarette aus und entfernt sich. Das Verhältnis von Mühlberg und Radke ist seitdem angespannt. Sie können nicht unbefangen miteinander umgehen. Dabei gibt es sachlich gar keinen Grund dafür.

Am Anfang werden die Spielregeln festgelegt

Der erste Eindruck entscheidet, heißt es. Manche Psychologen behaupten, der liege schon nach Bruchteilen von Sekunden fest und sei danach nur noch schwer zu korrigieren. Das ist wohl hemmungslos übertrieben. Zwar machen wir uns sehr schnell ein Bild von unserem Gegenüber. Doch wird das nach und nach ergänzt, vervollständigt und in Teilen immer wieder korrigiert. Wir sammeln unsere Erfahrungen und kommen erst nach und nach dahinter, was jemand für einer ist.

Auch kommt es ganz darauf an, wie eindeutig sich die Signale einem bestimmten Schema zuordnen lassen, das wir bereits im Kopf haben. So gibt es einen bestimmten Habitus und Dresscode, der unser Gegenüber als stahlharten Erfolgsmenschen, knorrigen Provinzler oder kreative Chaotin ausweist. Und es ist keine richtig große Überraschung, dass wir dieses vorgeprägte Bild dann auch erst einmal übernehmen.

Wichtiger noch: Gleich am Anfang legen wir fest, wie wir künftig miteinander umgehen. Und das ist keine einseitige Angelegenheit nach dem Muster: der Vorgesetzte bestimmt. Wie dominant oder zurückgenommen Sie auftreten, das liegt auch an Ihrem Gegenüber. Rollt er den roten Teppich vor Ihnen aus? Reagiert er ängstlich? Abwartend? Mauernd? Hält er dagegen, um von Anfang an klar zu machen: Sie können mir gar nichts?

Steuern können Sie den anderen nicht. Und ein versierter Gärtner hat das auch gar nicht im Sinn. Ihm ist nur allzu bewusst: Die Früchte, die geerntet werden sollen, die bringt nicht er hervor, sondern der andere – unter seiner kundigen Pflege. Wildwuchs produziert nur mickrige Früchtchen.

Spielregeln entstehen im Umgang miteinander
Sie müssen die Spielregeln nicht ausdrücklich vereinbaren. Ja, solche ausformulierten Regeln, womöglich noch als „Code of conduct", sind eher ein Indiz dafür, dass nach ganz anderen Regeln gespielt wird. „Grau ist alle Theorie, maßgeblich ist auf'm Platz", formulierte es der legendäre Fußballtrainer Adi Preißler. Das heißt, welche Regeln wirklich gelten, zeigt sich im täglichen Umgang miteinander.

Die Phasen bis zur Ernte
Wir werden uns die einzelnen Stationen noch genauer anschauen. Dabei versteht es sich von selbst, dass der Übertragbarkeit vom Obstbaum auf den Mitarbeiter Grenzen gesetzt sind. Und doch schenkt uns der Blick in den Obstgarten einige Anregungen, die uns helfen können, eine reiche Ernte einzufahren.

- Pflanzzeit und Wachstum
- Baumschnitt
- Blütezeit
- Fruchtzeit
- Baumpflege

Im Wesentlichen geht es darum, die Phasen voneinander zu unterscheiden. Die Zeit der Blüte ist eben nicht die des Baumschnitts. Pflege ist dann besonders wirksam, wenn sie in einer Zeit relativer Ruhe stattfindet und nicht wenn die Früchte treiben. In dieser Phase muss unser Obstbaum in vollem Saft stehen. Seine Kräfte muss er längst aufgebaut haben.

Vor der Frucht kommt die Blüte

Eine Analogie, die wir gerne von den Obstbäumen übernehmen: Ehe der Baum Früchte trägt, muss er blühen. Stellen Sie sich das bitte einmal bildlich vor. Die Obstblüte gehört zu den schönsten Ereignissen im Garten. Sie markiert den Beginn des Frühlings. Sie steht für das Erwachen der Natur und einen kraftvollen Neubeginn.

Es geht ja auch um das Sammeln der Kräfte. Die Obstblüte steht für ein erstes Überschießen der Lebensenergie. Sie steht für Freude, Genießen und Lust – alles Dinge, die Vorgesetzte eher zu ersticken pflegen, vor allem wenn sie an die bevorstehende Ernte denken. Wenn überhaupt Freude, dann erst „am Ende des Tages". Vorher gibt es nichts zu lachen. Und wenn doch, dann besteht der Verdacht, dass die Leute nicht mit dem nötigen Ernst bei der Sache sind und nicht genug leisten.

Als Gärtner kehren wir die Sache um und zwar ziemlich drastisch. Wir versuchen die Leute erst zum Blühen zu bringen, in der Gewissheit, dass genau dies die Voraussetzung einer reichen Ernte ist. Keine Missverständnisse: am Ende zählen die Ergebnisse. Und gute Leistungen kommen nicht allein durch das Lustprinzip zustande, sondern auch durch Fleiß, Disziplin und Willensstärke. Manchmal muss man sich richtig quälen. Aber genau das ist der Unterschied: Nicht der Gärtner quält, man quält sich schon selbst.

Die Lust an der eigenen Wirksamkeit

Noch immer herrscht vielfach die Vorstellung, die Mitarbeiter hätten vornehmlich an einer Sache Spaß: nichts zu tun. Oder zumindest nichts Produktives. Sobald man die Geräte zur Leistungserfassung ausknipst, bricht die kollektive Faulheit aus oder zumindest der Schlendrian. Deshalb müssen die Leute zur Arbeit immer ein wenig gezwungen werden. Sie dürfen sich nicht zu sicher fühlen. Nur dann geben sie sich Mühe, strengen sie sich an.

Das Ergebnis ist Arbeit, die tatsächlich nicht das geringste Vergnügen bereitet und zu der man immer ein wenig gezwungen werden muss. Sonst macht die keiner freiwillig. Damit schließt sich der Teufelskreis. Besonders brillante Arbeitsergebnisse kommen unter solchen Bedingungen nicht zustande. Was gelegentlich dazu führt, dass der Druck noch erhöht wird.

Tatsächlich verhält es sich aber genau anders herum: Nichtstun ist die Hölle und nicht etwa das Schlaraffenland, nach dem wir alle insgeheim streben. Schon Experimente mit Säuglingen zeigen: Wir genießen es, wenn wir etwas bewirken können – und sei der Beitrag auch noch so bescheiden. Und wir verkümmern, wenn man uns jede Möglichkeit nimmt, etwas zu bewirken.

Diese simple Tatsache gilt es erst einmal anzuerkennen. Aber es kommt noch besser: Wir haben eine natürliche Tendenz, unsere Möglichkeiten zu erweitern, über uns hinauszuwachsen, wenn wir gefordert sind. Genau darin liegt die Aufgabe einer guten Führungskraft: uns so zu fordern, dass wir über uns hinauswachsen können. Das heißt natürlich auch, uns die Mittel an die Hand zu geben, dass wir tatsächlich wirksam sein können.

In vielen Organisationen findet genau das Gegenteil statt. Die Menschen können gerade *nicht wirksam* sein. Sie fühlen sich hin- und hergerissen zwischen Leerlauf und Überforderung. Sie hetzen irgendwelchen Zielgrößen hinterher, die sie erreichen müssen und die keinen Sinn ergeben. Sie erscheinen willkürlich festgelegt, nach dem Muster: Nimm die Leistung der letzten Erfassungsperiode, rechne mit einer Verbesserung von 10 Prozent – und du hast den neuen „Zielwert".

Aufblühen heißt Fähigkeiten entfalten
Im Unterschied dazu setzt der „Gärtner" darauf, dass seine Mitarbeiter ihre Kompetenzen nutzen und entwickeln wollen. Und glauben Sie bloß nicht, dass so etwas nur die frei schwebenden Kreativen und die hochbezahlten Spezialisten betrifft. *Jeder* mag es, wenn seine Fähigkeiten gebraucht und geschätzt werden. Jede Assistentin, jeder Praktikant – sie alle blühen auf, wenn sie zeigen können, was in ihnen steckt.

Wenn ihre Leistungen zählen, wenn sie bemerkt und anerkannt werden.

Das heißt nun gerade nicht, dass eine Führungskraft wie der „Gießkannenzwerg" (→ S. 29) über seine Leute Lob ausschütten sollte. Die Mitarbeiter wollen ernst genommen werden. Dazu gehört auch, dass man ihnen deutlich sagt, wenn etwas nicht gut gelaufen ist.

Menschen wollen gebraucht werden. Wenn sie das Gefühl haben, dass es auf sie wirklich ankommt, dann sind sie bereit, sich in ihre Aufgabe richtig reinzuhängen und über sich hinauszuwachsen. Nicht selten besteht das Problem allerdings darin, dass solche außergewöhnlichen Leistungen zwar ständig angemahnt werden, aber im Ernst gar nicht gefragt sind. Sie sorgen für Unruhe in der Organisation, in der vor allem politisch gedacht wird.

Im Garten soll geblüht werden. Jeder Obstbaum nach seiner Art. Und wenn Sie jetzt befürchten, daraus könne nur ein großes Durcheinander entstehen, denken Sie daran: Es folgt ja noch der Passus über den „Baumschnitt" (→ S. 67).

Und wer übernimmt die lästigen Pflichten?

Ein häufiger Einwand lautet: Die unangenehmen Aufgaben bleiben liegen oder werden schlecht erledigt, wenn niemand Druck macht. Darauf gibt es eine klare Antwort: Die Menschen sind sehr wohl bereit, lästige Pflichten zu übernehmen, wenn sie Teil ihrer Aufgabe sind. Gerade wer völlig selbstbestimmt arbeitet, macht tagtäglich die Erfahrung, dass er Dinge zu erledigen hat, die alles andere als angenehm oder erfüllend sind. Er tut dennoch sein Bestes. Und wenn er das nicht tut, dann hat das Auswirkungen auf das Arbeitsergebnis, für das er geradestehen muss.

Gibt es darüber hinaus noch unangenehme Pflichten oder stupide Tätigkeiten, die einfach getan werden müssen, dann sind zwei Dinge entscheidend:

*   dass sie unter den Mitarbeitern fair aufgeteilt werden,
*   dass klar ist, warum sie erledigt werden müssen.

Eine faire Aufteilung heißt nicht notwendigerweise gleichmäßig. So muss dem einen oder anderen Mitarbeiter der Rücken freigehalten werden, weil seine Aufgabe jetzt vordringlich ist. Und doch sollte nach Möglichkeit jeder einmal solche Aufgaben übernehmen. Allerdings gibt es immer wieder unangenehme Pflichten, deren Sinn man den

Mitarbeitern nicht erklären kann. Und was machen Sie damit? Die Antwort lauten schlicht: streichen.

Gute Führungskräfte sorgen dafür, dass Mitarbeiter ihre Fähigkeiten entfalten können und dafür Anerkennung bekommen.

Der Dreiklang gärtnerischer Führung

Ein erfahrener Gärtner stellt sich auf die unterschiedlichen Fruchtsorten ein. Den bodenständigen, selbstbewussten Apfelbaum behandelt er anders als den empfindlichen Pfirsich oder das anlehnungsbedürftige Spalierobst. Und doch sind es drei Merkmale, die im Umgang mit allen Mitarbeitern sein Verhalten prägen:

- Integrität/Vertrauenswürdigkeit
- Wertschätzung
- Orientierung

Diese drei Merkmale kommen in den verschiedenen Phasen unterschiedlich stark zum Tragen. Weil sie für die „bessere Führungskultur" so wichtig sind, sollen sie einzeln vorgestellt werden.

Integrität aufbauen

Auf eine kurze Formel gebracht zeichnet sich ein integrer Mensch dadurch aus, dass Reden und Handeln im Wesentlichen übereinstimmen. Ein Großsprecher ist ebenso wenig integer wie ein Schlitzohr. Womit schon einmal zwei Personengruppen bezeichnet wären, die es in vielen Organisationen sehr weit nach oben schaffen und die sich gerne als „Erfolgsmenschen" feiern lassen. Für einen Gärtner eine abwegige Vorstellung.

Integrität bedeutet keineswegs, dass man besonders moralisch sein muss. Ein gewaltiger Schritt hin zu mehr Integrität bestünde für viele Führungskräfte bereits darin, den Mund etwas weniger voll zu nehmen. Die Integrität eines Vorgesetzten bezieht sich auf zwei Felder:

- Die Organisation, für die er tätig ist: Er schadet ihr nicht, zieht keine persönlichen Vorteile aus seiner leitenden Position, bereichert sich nicht, lässt sich nicht bestechen.

- Die Mitarbeiter, für die er verantwortlich ist: Er täuscht sie nicht, macht ihnen nichts vor, gibt vertrauliche Informationen nicht weiter.

Gelegentlich gibt es Spannungen zwischen beiden Feldern. Etwa wenn der Vorgesetzte wichtige Informationen hat, die er nicht an seine Mitarbeiter weitergeben darf, weil die Organisation etwas dagegen hat. In begrenztem Umfang lässt sich das wohl nicht vermeiden. Hin und wieder gibt es ja auch gute Gründe, sensible Informationen zurückzuhalten, zumindest eine Zeit lang. Problematisch wird es, wenn die Mitarbeiter geschädigt werden. Eine Organisation, die von ihren Führungskräften so etwas erwartet, hat eigentlich keine Loyalität verdient. Wollen Sie Ihre Integrität bewahren, bleiben Ihnen nur zwei Möglichkeiten. Sie spielen das Spiel nicht mit und hoffen darauf, dass Ihre Organisation das duldet. Oder Sie verlassen die Organisation, was den gewaltigen Nachteil hat, dass es dort eine integre Führungskraft weniger gibt. Das Problem ist nur: Wenn Sie das Spiel mitspielen, verlieren Sie Ihre Integrität.

Aber es gibt auch den umgekehrten Fall: Der Vorgesetzte stellt sich auf die Seite seiner Mitarbeiter und trägt Informationen nicht weiter, die nachteilig für sie sein könnten. Auch das ist in begrenztem Rahmen vertretbar und kann sich sogar positiv für die Organisation auswirken, weil es dem Betriebsklima zugute kommt, wenn die Mitarbeiter wissen, ihr Vorgesetzter meint es gut mit ihnen. Wobei eines völlig außer Frage steht: Für „krumme Dinger" steht eine integre Führungskraft nicht zu Verfügung.

Rückgrat zeigen

Integrität zeigt sich aber nicht nur darin, dass man bestimmte Dinge unterlässt. Sondern auch darin, dass man etwas tut. So haben integre Führungskräfte keine Scheu, Missstände zu benennen und unbequeme Wahrheiten auszusprechen. Gerade gegenüber Leuten, die ihnen schaden könnten. Egal, ob das ihre Vorgesetzten, ihre Kunden oder auch ihre Mitarbeiter sind. Sie nehmen keine taktischen Rücksichten. Sie ergreifen Partei, wenn jemand geschützt werden muss, der sich selbst nicht richtig wehren kann. Sie beziehen Stellung und erheben Einspruch, wenn es gute Argumente dafür gibt, die bislang noch nicht zur Sprache gekommen sind. Völlig unabhängig davon, wie das Meinungsbild unter den Kollegen gerade aussieht. Sie sagen geradeheraus, was sie für richtig halten. Mit einem Wort, integre Führungskräfte haben Rückgrat.

Dabei müssen wir genau unterscheiden: Es gibt wahre Virtuosen der Macht, die ein feines Gespür dafür besitzen, wann die Gelegenheit günstig ist, Profil zu gewinnen und gefahrlos einen Konflikt anzuzetteln mit jemandem, dessen Stern gerade im Sinken begriffen ist. Eine solche Taktiererei ist geradezu das Gegenteil dessen, worum es hier geht.

Weiterhin gibt es den einen oder anderen Querkopf, der es irgendwie geschafft hat, auf eine Führungsposition zu gelangen. Durch Zufall oder fachliche Kompetenz. Querköpfe haben ihre dezidierte Meinung zu allem und jedem. Und sie haben auch keine Scheu, sich mit jemandem anzulegen, unabhängig von Rang, Einfluss und Jahresverdienst. Doch integer sind sie deswegen noch nicht. Was ihnen fehlt: Sie können nicht von ihrem eigenen Standpunkt absehen. Sie neigen zur Rechthaberei. Und auch die verträgt sich schlecht mit Integrität.

Wer integer ist, hat immer auch das Allgemeine im Blick. Dafür ist er ja Führungskraft. Er bemüht sich um Ausgleich der Interessen und geht nicht einfach über sie hinweg. Und schließlich bedeutet Integrität auch, dass es keinen eklatanten Widerspruch zwischen beruflicher und privater Moral gibt. Sie verlieren Ihre Integrität, wenn Sie etwas beruflich tun, was Sie privat für falsch halten.

Menschen wollen integre Führungskräfte

In unserer westlichen Kultur genießt Selbstbestimmung hohe Wertschätzung. Dabei wird gerne unterstellt: Am liebsten würden sich die Menschen nach niemandem richten, sondern ihren eigenen Vorstellungen folgen. Das ist jedoch nur die eine Seite. Mindestens genauso wichtig ist uns, dass wir eingebunden sind in eine Gruppe, eine Gemeinschaft oder ein „soziales Netzwerk". Als Teil dieses Gebildes müssen wir uns dann doch nach den anderen richten. Das tun wir auch mit der größten Selbstverständlichkeit.

Hier kommt nun die Führung ins Spiel: Es wird jemand gebraucht, die Gruppeninteressen zu bündeln. Mit einem Wort, Menschen wollen nicht immer nur selbst bestimmen; sie wollen auch geführt werden. Sogar Führungskräfte haben gelegentlich diesen Wunsch. Dabei wollen wir von den richtigen Leuten geführt werden. Welche Qualitäten sie im Einzelnen mitbringen müssen, ist strittig. Was wir aber auf jeden Fall von ihnen erwarten, das ist Integrität.

Führungskräfte, deren Integrität in Zweifel steht, bekommen sofort ein Problem. Ihre Mitarbeiter sind enttäuscht von ihnen und wenden sich, zumindest innerlich, von ihnen ab. Im besten Fall entwickeln sie ein geschäftsmäßiges Verhältnis. Aber das, was Führung auszeichnen sollte, nämlich eine innere Verbundenheit zwischen dem, der führt, und dem, der sich führen lässt, das ist beschädigt.

Integre Führungskräfte müssen geschützt werden
Es gibt eine bedauerliche Kehrseite der Integrität: Gerade besonders integre Führungskräfte lassen sich im Gerangel um Macht und Einfluss leicht ins Abseits drängen. Sie schmieden keine Bündnisse, denken nicht strategisch und gehen keine faulen Kompromisse ein. Daher müssen integre Führungskräfte geradezu geschützt werden. Denn von ihnen profitiert am Ende die ganze Organisation.

Schwierige Situationen meistern

Integrität ist vor allem dann gefragt, wenn es kritisch wird. Mitarbeiter sollen entlassen werden oder zu einem geringeren Lohn arbeiten. Der Standort des Unternehmens wird verlegt. Oder es werden Vorwürfe gegen die Organisation laut: Verletzung von Arbeitsschutzbestimmungen, Korruption, Umweltschäden. Dann dürfen die integren Persönlichkeiten wieder nach vorne – auch und gerade in Organisationen, in denen sie zuvor an den Rand gedrängt wurden. Das kann man zynisch, aber auch ganz nüchtern betrachten. Durch ihren Einsatz können die integren Vermittler tatsächlich manches zum Besseren wenden. Sie dürfen sich eben nicht instrumentalisieren lassen, sondern müssen, mit einem Wort, integer bleiben.

Aber vergessen wir nicht, wir befinden uns im Obstgarten und nicht im Haifischbecken. Schwierigkeiten können allerdings in beiden Biotopen auftreten. Integrität zeigt sich dann darin, nichts zu beschönigen, unterschiedliche Interessen zu respektieren und zu einem fairen Ausgleich zu bringen. Integrität kann Ihnen aber auch helfen, wenn Sie selbst in die Schusslinie geraten. Wer sich selbst nicht herauswindet, sondern sich den Vorwürfen stellt und hart mit sich ins Gericht geht, kann sogar noch Vertrauen gewinnen.

Verunreinigte Blutkonserven
Uni-Klinik Mainz. Am Sonntagmorgen bekommt Klinikchef Prof. Norbert Pfeiffer einen Anruf: „Zwei Babys sind auf der Intensivstation gestorben. Ein drittes schwebt in Lebensgefahr. Wir haben den Verdacht, dass es an einer verkeimten Infusionslösung liegt." Sofort ruft Prof. Pfeiffer einen Krisenstab zusammen, er informiert die Hersteller, die Eltern und die Staatsanwaltschaft. Er gibt eine Pressemitteilung heraus und noch am Sonntagabend eine Pressekonferenz. Dort teilt er ohne Umschweife mit, dass

„etwas Schreckliches passiert" ist, „möglicherweise durch unser Tun". Er lässt die Öffentlichkeit wissen, dass „alle Möglichkeiten in Betracht" gezogen werden. Und die wahrscheinlichste Möglichkeit sei, dass die Uniklinik für die Verunreinigung verantwortlich sei. Pfeiffer belastet niemanden oder trifft eine Vorverurteilung. Er macht nur deutlich: Wir klären das auf – auch wenn wir selbst schuld sind.

Später stellt sich heraus, dass die Uniklinik keine Schuld trifft, sondern die Infusion schon verkeimt angeliefert worden ist, was äußerst selten vorkommt. Durch die Art, wie die Uni-Klinik mit diesem schweren Vorfall umgegangen ist, hat sie erheblich an Vertrauen gewonnen und auch Maßstäbe gesetzt, wie man mit solchen Krisen umgehen kann.

Wertschätzung zeigen

Was motiviert uns mehr als alles andere? Es ist Anerkennung. Nach Möglichkeit Anerkennung, die etwas wert ist, weil sie von Menschen kommt, die uns etwas bedeuten, die etwas von der Sache verstehen und kompetent urteilen, die ihre lobenden Worte nicht einfach nur dahinsagen, sondern sie im wahrsten Sinne des Wortes mit Bedeutung versehen.

Nach dieser Art von Anerkennung streben wir. Deshalb geben wir uns besondere Mühe, strengen uns an und versuchen, eine besonders gute Leistung zu vollbringen. Nicht weil wir dafür besser bezahlt werden und auch nicht, weil wir uns selbst etwas beweisen wollen. Sondern wir möchten, dass unsere Leistung von anderen gebührend gewürdigt wird. Umgekehrt heißt das: Kaum etwas entmutigt uns so sehr, als wenn uns diese Anerkennung versagt wird.

Als Vorgesetzter tragen Sie hier besondere Verantwortung. Denn Sie sind für die Leistungsbeurteilung Ihrer Mitarbeiter zuständig. Sie bestimmen gewissermaßen den „offiziellen Kurs" der Anerkennung. Kollegen oder Kunden können sich über die Leistung Ihres Mitarbeiters abfällig äußern, solange Sie verkünden: „Tadellose Arbeit!", darf er sich halbwegs zufrieden schätzen. Die Kollegen sind halt neidisch; und manche Kunden haben offenbar jedes Maß verloren oder halten sich für schlau und wollen den Preis drücken ...

Liegt der Fall aber andersherum, ändert das die Sachlage dramatisch. Ihr Mitarbeiter wird sich zurückgesetzt fühlen. Die Kunden und Kollegen haben seine Leistung gelobt! Was muss er denn noch tun, damit Ihnen einmal ein freundliches Wort über die Lippen geht?!

Die magische Kraft der Wertschätzung

Es ist ja nicht so, dass die motivierende Wirkung von Anerkennung verborgen geblieben wäre. Da liegt die Frage nahe, warum Führungskräfte so selten davon Gebrauch machen. Das lassen zumindest die einschlägigen Studien vermuten, in denen die Mitarbeiter ihren Vorgesetzten so schlechte Noten ausstellen und genau dies bemängeln: dass ihre Leistung zu wenig anerkannt wird.

Die Antwort besteht aus mehreren Teilen. Zunächst einmal ist es gar nicht so einfach, ehrliche Anerkennung auszusprechen. Denn dazu muss man sich mit dem Mitarbeiter und seiner Leistung näher beschäftigen; das macht Mühe und kostet Zeit. Dann besteht bei vielen Vorgesetzten der Generalverdacht: Meine Mitarbeiter strengen sich nicht mehr an als nötig. Egal, wie das Arbeitsergebnis aussieht, sie können *noch mehr* leisten. Dazu bringe ich sie aber nur, wenn ich mich mit ihrer Leistung nicht zufrieden gebe. Wenn ich jetzt schon meine kostbare Anerkennung über sie ausgieße, dann werden sie sich damit zufrieden geben und auf dieser Stufe verharren.

Dass dieses Kalkül nicht aufgeht, liegt auf der Hand. Wer feststellt, dass sein Vorgesetzter mit seiner Leistung grundsätzlich nicht zufrieden ist, der wird alles andere tun, als seinen Einsatz noch zu erhöhen. Nur wer über ein ausgeprägtes Leistungsethos verfügt, wird sich weiterhin auf dem gleichen Niveau anstrengen, in der Hoffnung, irgendwann doch noch die verdiente Anerkennung zu bekommen.

Der dritte Teil der Antwort ist noch deprimierender. Unter den Führungskräften gibt es nicht nur Gärtner, die sich daran erfreuen, wenn ihre Mitarbeiter wachsen und gedeihen. Es gibt auch kleine Tyrannen, die das berauschende Gefühl der Macht erst dann auskosten können, wenn sie ihre „Untergebenen" klein gemacht haben.

Den Gärtner kümmert das alles nicht. Ihm ist daran gelegen, dass seine Bäume Früchte tragen. Möglichst viele und möglichst saftige. Das können sie nur, wenn es ihnen gut geht. Und Mitarbeitern geht es gut, wenn sie von ihren Vorgesetzten ermutigt werden und die verdiente Anerkennung bekommen.

Wie Sie wertschätzend urteilen

Keine Missverständnisse: Anerkennung bedeutet nicht besinnungsloses Loben. Im Gegenteil, Sie entwerten Ihr Lob, wenn Sie es allzu freigiebig oder gar willkürlich ausstreuen. Zugespitzt formuliert: Es gibt eine Form des Lobes, die einer Missachtung gleichkommt. Führungskräfte, die immer nur anerkennende Worte finden, stehlen sich aus der Verantwortung, sich mit ihrem Mitarbeiter und seinem Arbeitsergebnis ernsthaft auseinanderzusetzen.

„Es war sehr schön, es hat mich sehr gefreut."

Das klassische Beispiel für ein allzu defensives Lob stammt vom österreichischen Kaiser Franz Joseph. Der Monarch hatte sich abfällig über die neue Staatsoper geäußert. Als kurz darauf deren Architekt Eduard van der Nüll Selbstmord beging, soll Franz Joseph sehr erschrocken gewesen sein. Künftig äußerte er sich nur noch in nichtssagenden Floskeln wie „Es war sehr schön, es hat mich sehr gefreut."

Umgekehrt gibt es eine Form von Tadel, in der sehr viel Wertschätzung liegen kann. Etwa wenn eine Vorgesetzte zum Ausdruck bringt, dass sie ihrem Mitarbeiter deutlich mehr zutraut. Allerdings muss das auch tatsächlich der Fall sein. Als bloße Masche, um die Mitarbeiter zu mehr Leistung anzutreiben, ist ein solches Vorgehen natürlich das Gegenteil von Wertschätzung.

Ein wertschätzendes Urteil zeichnet sich durch zwei Eigenschaften aus. Es ist kompetent und ermutigend. Sie sollten ein klares, begründetes Urteil abgeben und nicht einfach Ihren ersten Eindruck wiedergeben. Das erfordert etwas Mühe, aber genau darin liegt Ihre Wertschätzung. Manche Vorgesetzte lassen gar nicht erkennen, dass sie die Leistungen ihrer Mitarbeiter überhaupt zur Kenntnis nehmen. Das ist verletzender, als wenn Sie Kritik üben.

Grundregel Nummer eins: Versuchen Sie immer positiv zu beginnen. Wenn sich eine Mitarbeiterin besondere Mühe gegeben hat, sollte Ihnen das eine Bemerkung wert sein. Dann macht sie es beim nächsten Mal genauso.

Zu einem kompetenten Urteil gehört natürlich auch, dass Sie Unzulänglichkeiten ansprechen. Allerdings in einer Form, die den anderen nicht herabwürdigt, ihn aber auch nicht in Watte packt. Wer um den heißen Brei herumredet, lässt erkennen, dass er den anderen nicht für voll nimmt.

Erst fragen, dann urteilen

Ein Verfahren, das sich sehr bewährt hat: Bevor Sie sich selbst äußern, erkundigen Sie sich, wie es ihm bei seiner Aufgabe ergangen ist. Womöglich sieht er selbst manche Mängel. Auf jeden Fall hilft es Ihnen, sein Ergebnis besser einzuordnen.

> Aber Achtung, urteilen müssen Sie schon selbst. Denn nicht wenige sehr gute Mitarbeiter sehen sich selbst überkritisch, während andere sehr schnell darauf kommen, dass man bei Ihnen nur selbstbewusst genug auftreten muss, um günstig beurteilt zu werden.

Am Ende sollte das Urteil immer ermutigen. Auch wenn die Leistung unzulänglich gewesen ist. Sie möchten ja erreichen, dass es Ihr Mitarbeiter beim nächsten Mal besser macht. Ihn dazu zu ermutigen, ist gar nicht so schwer.

- Heben Sie auch die positiven Ansätze hervor, die sich fast immer finden lassen: „An diesem Punkt haben Sie sehr genau gearbeitet. Sie können es also."

- Äußern Sie Verständnis, dass eine Aufgabe auch einmal misslingen kann.

- Rufen Sie gute Leistungen aus der Vergangenheit in Erinnerung: „Damals haben Sie das so hervorragend hingekriegt. Beim nächsten Mal klappt das wieder."

- Drücken Sie Ihre Wertschätzung für die Person des Mitarbeiters aus. Auch wenn er die Aufgabe in den Sand gesetzt hat, ist er deswegen kein schlechter Mensch.

Klären Sie die Gründe

Vergessen Sie eines nicht: Bei allem, was wesentlich ist, sollten Sie sich auch nach den Gründen erkundigen. Woran lag es, dass diese oder jene Sache schief gelaufen ist? Aber auch: Wieso hat dieses oder jenes so außerordentlich gut geklappt? Man kann ja nicht nur aus Fehlern lernen, sondern auch die Dinge verstärken, die gut funktionieren.

Kann man Mitarbeiter wertschätzen, die man nicht mag?

Ein heikles Thema: Wie verhält sich ein Vorgesetzter gegenüber Mitarbeitern, die ihm unsympathisch sind? Auch ein Vorgesetzter ist ein Mensch und kein Automat. Es ist sicher nicht ganz einfach, seine Wertschätzung zum Ausdruck zu bringen, wenn man sein Gegenüber persönlich nicht mag. Und doch geht es nicht anders: Als Vorgesetzter dürfen für Sie persönliche Antipathien keine Rolle spielen. Da müssen Sie an das große Ganze denken, Ihren Obstgarten. Sie müssen dem anderen ja nicht vorspielen, dass Sie ihn sympathisch finden. Behandeln Sie ihn einfach nur mit Respekt.

Anders liegt der Fall, wenn Ihr Gegenüber tatsächlich problematische Charakterzüge offenbart. Wenn er zwar gute Ergebnisse erreicht, doch mit recht rüden und rücksichtslosen Mitteln. Wenn er andere gegeneinander ausspielt, trickst und taktiert. Dann hat er Ihren Respekt nicht verdient. Mit solchen Gewächsen werden wir uns noch in einem späteren Kapitel beschäftigen (→ S. 117).

Achtung, nicht durch Lob verbrennen

Lob ist nicht immer nur erfreulich. Es gibt auch eine Schattenseite. So kann Lob neidisch machen. „Kollegin Goldbach wird immer wieder vor allen anderen gelobt – warum ich nicht?", fragen sich die Mitarbeiter. Für die Betroffene kann sich so ein Lob außerordentlich schädlich auswirken. Das Verhältnis zu den Kollegen kann dadurch regelrecht ruiniert werden.

Als Vorgesetzter sollte man diesen Effekt kennen und natürlich vermeiden. Begünstigt wird er, wenn jemand vor allen anderen gelobt und als Vorbild hingestellt wird. Das Lob der einen Mitarbeiterin kann dadurch leicht zur Abwertung aller anderen werden. Vor allem wenn immer wieder die gleiche Person mit Lob bedacht wird, entwickeln die anderen wenig freundliche Gefühle für sie.

Die Konsequenz kann natürlich nicht sein, nur noch hinter verschlossenen Türen zu loben. Lob hat ja den großen Vorteil, dass auch Leute damit bedacht werden können, die nicht zu den High Performern gehören, sondern die sich Mühe gegeben haben und ihre Sache einfach gut gemacht haben. Gerade diese Leute fühlen sich durch ein Lob besonders ermutigt. Und so spricht einiges dafür, anerkennende Wort auf möglichst viele Köpfe zu verteilen.

Hochqualifizierte Mitarbeiter wollen Anerkennung von den „Peers"

Während sich manche Mitarbeiter die Beine ausreißen, um von ihrem Vorgesetzten ein wenig Anerkennung zu bekommen, lässt das andere ziemlich kalt. Bei ihnen handelt es sich meist um hochqualifizierte Spezialisten, die nicht nur mit einem gesunden Selbstbewusstsein ausgestattet sind. Sondern sie wissen auch, dass Manager ihre Arbeit gar nicht angemessen beurteilen können, weil ihnen die Spezialkenntnisse fehlen. Dabei ist ihnen Anerkennung schon sehr wichtig, aber die Anerkennung durch andere Spezialisten, ihre „Peers", die womöglich für ganz andere Unternehmen arbeiten.

Orientierung geben: Die Kunst Bäume zu schneiden

Der Gärtner muss seine Obstbäume nicht nur hegen und pflegen, wenn er gut ernten will. Er muss ihnen auch Form und Richtung geben. Womit wir beim Thema „Baumschnitt" angelangt sind. Muss das sein? Mitarbeiter *beschneiden*? Wird nicht schon viel zu viel beschnitten in unseren freudlosen Gärten? Befinden wir uns wieder im Reich des peniblen Ordnungszwergs (→ S. 22)?

Natürlich nicht. Der „Baumschnitt" dient keineswegs der Verstümmelung, sondern der Kräftigung und besseren Entfaltung des Obstbaums. Alte Zweige müssen weichen, damit neue nachwachsen können. Im übertragenen Sinn geht es darum, den Mitarbeitern Orientierung zu geben, ihnen zu vermitteln, welche Kompetenzen sie weiter ausbilden müssen, welche alten Routinen sie aufgeben sollten und in welche Richtung sich das Unternehmen bewegt, dem sie angehören.

Orientierung in turbulenten Zeiten

Gerade in Zeiten beschleunigten Wandels brauchen Menschen Orientierung. Sie wollen sich an etwas festhalten können, bevor sie zum Sprung ansetzen. Jede Veränderung braucht Fixpunkte, von denen sie in Gang gesetzt werden kann. Für diese Fixpunkte sind die Führungskräfte zuständig. Es gibt dabei nur einen Haken: Die Führungskräfte wissen selbst nicht mehr so genau, wo sie noch Fixpunkte finden können.

Unternehmensstrategien abheften

Der Einkaufsleiter eines mittelgroßen Unternehmens berichtete mir von seinen Bemühungen, die Einkaufsstrategie eng an der Unternehmensstrategie auszurichten. Die wurde von der Geschäftsführung festgelegt und sorgfältig ausformuliert. Das Problem war nur, dass sich diese Strategie jedes Mal geändert hatte, wenn der Einkaufsleiter sie in seinem Aktenordner abheftete.

Wie lässt sich dieses Dilemma auflösen? Orientierungshilfen vorgeben, die man sofort wieder revidiert, sind gar keine. Soll man dann nicht lieber ganz auf Orientierung verzichten? Oder – dritte Möglichkeit – die Mitarbeiter selbst in die Verantwortung nehmen? Das mag zunächst sehr sympathisch wirken und sehr fortschrittlich obendrein. Mitarbeiter bestimmen selbst, wohin sie sich entwickeln möchten. Die wissen doch ohnehin am besten, was in ihnen steckt. Und was die Richtung des Unternehmens betrifft, so lässt man das einfach einmal offen ...

Bei näherer Betrachtung entpuppt sich diese vermeintliche Lösung jedoch als Taschenspielertrick. Das Versagen von Führung wird als Selbstbestimmung ausgegeben, die ohnehin begrenzt bleibt. Die Mitarbeiter bekommen das Ruder nur in die Hand, um festzustellen, dass sie sich in einer Galeere befinden. Sie haben gar keine andere Wahl, als sich ständig wechselnden Anforderungen anzupassen.

Als Führungskraft können Sie sich nicht daran vorbeimogeln, dass eine Ihrer wichtigsten Aufgaben darin besteht, Orientierung zu geben. Das gilt auch und gerade für turbulente Zeiten. Wobei Orientierung ja nicht heißt Bevormundung. Orientierung bedeutet auch nicht, dass Sie unumstößliche Grundsätze in Stein meißeln. Orientierung geben heißt, dass Sie die Richtung weisen und den Mitarbeitern helfen, sich zurechtzufinden.

Und wenn Sie selbst nicht sicher sind? Dann müssen Sie sich dennoch für einen Weg entscheiden. Sonst bleiben Sie stehen und es geschieht nichts. Genau das lässt sich auch problemlos den Mitarbeitern vermitteln: Wir gehen jetzt *diesen* Weg, auch wenn wir nicht sicher wissen, ob es der richtige ist. Aber wir gehen jetzt *diesen* Weg, weil wir ihn für den richtigen halten. Stellt sich heraus, dass er nicht zum Ziel führt, müssen wir einen anderen einschlagen.

Mitarbeiter einbeziehen

Es spricht gar nichts dagegen, bei der Kursbestimmung auch die Mitarbeiter einzubeziehen. Nur ist es die Aufgabe der Führung, für eine klare Entscheidung zu sorgen. Sie ist für die Orientierung verantwortlich und nicht die Mitarbeiter.

Die allgemeine Richtung weisen, ist eine Sache. Eine andere, dem einzelnen Mitarbeiter Orientierung zu geben. Davon reden wir, wenn wir uns jetzt dem „Baumschnitt" zuwenden. Ohne kundigen Schnitt bekommt der Baum keine gute Form und es gibt keine gute Ernte. Mitarbeiter liefern bessere Ergebnisse, wenn Sie ihnen helfen, ihre Fähigkeiten richtig zu entfalten.

Bäume müssen erst Höhe gewinnen

Für den Baumschnitt gilt: Man darf nicht zu früh damit anfangen. Als erstes bilden die jungen Bäume sogenannte Langtriebe aus, mit denen sie schnell an Höhe gewinnen. Allmählich kommen Seitentriebe hinzu, die sie in die Breite wachsen lassen. Je weniger steil die Triebe sind, umso kürzer werden sie. Bei den meisten Obstbäumen tragen nur die Kurztriebe Blüten, aus denen dann die Früchte hervorgehen.

Wer viel ernten will, muss also dafür sorgen, dass die Triebe nicht zu steil wachsen, sondern eher ein wenig in die Breite gehen. Dadurch wird auch die Krone tiefer und breiter.

Nicht zu viele Einschränkungen am Anfang
Auch Mitarbeiter müssen bei einer neuen Aufgabe oft erst an Höhe gewinnen, also einfach einmal loslegen dürfen. Zu viele ergänzende Hinweise bremsen ihren Elan. Einschränkungen können später kommen, wenn sie denn überhaupt nötig sind.

Formgebung und Verjüngung

Das Wachstum der Obstbäume wird von Hormonen gesteuert, die dafür sorgen, dass die Bereiche, die am höchsten liegen, immer am stärksten austreiben, also vor allem die Spitze. Durch dieses Prinzip wächst der Baum gerade in die Höhe und entwickelt einen immer stärkeren Stamm.

Greift der Gärtner nicht ein, trägt der Baum relativ spät und nach einigen Jahren gehen die Erträge spürbar zurück. Es gibt zu viele alte Triebe; die Früchte wachsen in immer größerer Höhe. Auch sind die Äste steiler, es gibt Gabelungen und Konkurrenztriebe, die ebenfalls die Ernte schmälern.

Der Schnitt hat demnach zwei Ziele: Verjüngung und Formgebung. Beides wirkt sich günstig auf den Ertrag und die Qualität der Früchte aus. So bringt eine breite, lichte Krone gutes Obst. Denn die Früchte brauchen genügend Sonne, sonst bleiben sie klein und blass.

Klare Strukturen fördern

Was dem Obstbaum hilft, kann auch für den Mitarbeiter nützlich sein: klare Strukturen. Das gilt für die Organisation seines Arbeitstags (mit klaren Prioritäten und möglichst wenig Unterbrechungen), für die Zuteilung von Aufgaben, aber auch für die Methode, komplexe Probleme in den Griff zu bekommen. Ein gesunder Obstbaum ist ein Musterfall für eine klare Struktur, mit einem Stamm (Gabelungen werden weggeschnitten), drei, vier Hauptästen und mehreren Zweigen, an denen die Früchte wachsen.

Diese klare Struktur sorgt dafür, dass der Baum seine Wachstumskräfte ganz ausschöpfen kann, um möglichst viel und möglichst gutes Obst hervorzubringen. So kann auch ein Mitarbeiter aus dem Vollen schöpfen, wenn die Strukturen, mit denen er zu tun hat, übersichtlich bleiben. Als Vorgesetzter können Sie ihn dabei unterstützen, Abläufe vereinfachen und Zusammenhänge transparent machen. Außerdem wichtig: Ihr Mitarbeiter kann äußerst komplexe, sehr detailreiche Aufgaben am besten bewältigen, wenn er alles, was neu hinzukommt, in vorhandene Strukturen einordnen kann.

Mindmapping für Führungskräfte

Die Kreativitätstechnik Mindmapping nutzt dieses Baumprinzip aus, um Themen zu strukturieren. Als Führungskraft können Sie Mindmapping vielfältig einsetzen. Um sich neuen Sachgebieten zu nähern, Projekte zu ordnen oder Aufgaben zurechtzuschneiden. Ein ganz wichtiger Aspekt: Es gibt immer nur einen Hauptstamm, also ein einziges Thema, einen einzigen Kerngedanken.

Die Krone auslichten

Neues kann nur dann kräftig nachwachsen, wenn immer wieder alte Triebe weggeschnitten werden. So sollten auch immer wieder alte Verhaltensweisen, Aufgaben und Routinen daraufhin überprüft werden, ob man sie nicht vereinfachen oder ganz weglassen kann.

Weiterhin wichtig: Damit sich Ihr Mitarbeiter auf Neues einlassen kann, muss an anderer Stelle Altes wegfallen, er muss von alten Pflichten entbunden und entlastet werden. Er sollte sich auf weniges konzentrieren können, um seine Sache wirklich gut zu machen.

Schließlich aber lehrt der Baumschnitt, dass man bei aller Erneuerung und Verjüngung niemals die tragenden Strukturen antasten darf. Im Gegenteil, die müssen weiter wachsen dürfen und gestärkt werden, sonst geht der Baum kaputt. Ein gesunder Obstbaum zeichnet sich dadurch aus: Seine tragenden Strukturen sind die ältesten, sie geben dem Gefüge Standfestigkeit und Sicherheit, die fruchttragenden sind eher die jüngeren Triebe.

Erneuerung oder neuer Baum?

Was immer Sie verändern wollen: Projekte, Teams, Abteilungen – auch dort gibt es tragende Strukturen. Und das sind eben nicht die, die neu hinzukommen. Wollen Sie tragende Strukturen erneuern, ist es häufig sinnvoller, einen neuen Baum zu pflanzen, also etwas grundlegend Neues zu beginnen.

Überreiche Ernte: Engagement honorieren

Ist alles gut gegangen, dann kann am Ende geerntet werden. Dabei kommt es nicht nur darauf an, den richtigen Zeitpunkt abzupassen, also wenn das Obst ausgereift ist, man muss auch mit den Kapazitäten richtig umgehen. Nicht wenige Gartenbesitzer machen die Erfahrung, dass sie mit einer überreichen Ernte zurechtkommen müssen. In früheren Jahren führte das zu einer wahren Orgie des Einkochens, Einweckens oder Einmachens. Manche Gläser füllen noch immer die hinteren Ecken der Speisekammer. Heute werden die Früchte eher zu Konfitüre verarbeitet, mit möglichst wenig Zucker, weil das gesünder sein soll und das Haltbarkeitsdatum drastisch verkürzt, sodass man die Gläser schneller ruhigen Gewissens dem Hausmüll anvertrauen kann.

Die Parallelen zum Management drängen sich geradezu auf: Auch dort sollten Sie als Führungskraft die Arbeitsergebnisse relativ zügig nach dem Ausreifen „vom Baum nehmen" und damit Ihre Mitarbeiter entlasten. „Vom Baum nehmen" bedeutet nicht nur entgegennehmen, sondern auch beurteilen. Dabei ist zu unterscheiden zwischen einem ersten Feedback und einem gründlichen Urteil, für das Sie etwas mehr Zeit brauchen und das sich viele Führungskräfte aus Zeitmangel ganz ersparen. Was mindestens so ärgerlich ist wie ein verschimmeltes Einmachglas. Denn wir haben es im Abschnitt über die Wertschätzung angesprochen: Wenn ein kompetentes Urteil ausbleibt, werden Mitarbeiter stark entmutigt.

Mitarbeitergespräch nutzen

Im Unterschied zum schnellen Feedback, das sich auf die einzelne Leistung bezieht, geht es im (halbjährlichen oder jährlichen) Mitarbeitergespräch um die Person und ihre langfristige Leistungsfähigkeit. Hier können Sie stärker in die Tiefe gehen und die Arbeitsergebnisse in einen Zusammenhang stellen. Eine gründliche Vorbereitung erfordert durchaus Mühe. Aber die ist gut investiert. Denn Ihre Mitarbeiter merken sehr genau, dass ihre Leistungen registriert und geschätzt werden. Daher lohnt es sich für sie, sich anzustrengen.

Aber es gibt noch eine weitere bemerkenswerte Entsprechung: Gerade Führungskräfte, denen es meisterhaft gelingt, ihre Mitarbeiter zum Blühen und Gedeihen zu bringen, sehen sich plötzlich einer so üppigen Ernte gegenüber, die Sie kaum bewältigen können. Ihre Mitarbeiter haben sich so sehr ins Zeug gelegt, dass sie den Arbeitsergebnissen nicht mehr gerecht werden können. Das klingt nach einem Luxusproblem. Doch sollten Sie sich nicht täuschen: So mancher Mutmacher hat auf diese Weise seine Mitarbeiter nachhaltig entmutigt.

Die neue Unternehmenswebsite

Benedikt Schröder ist ein junger Mitarbeiter, der sich sehr für Webdesign interessiert. Seine Vorgesetzte Silvia Löhring ermutigt ihn, neue Ideen für die Website des Unternehmens vorzuschlagen. Schröder fängt Feuer und erstellt das Konzept für eine völlig neue Website für das Unternehmen, mit zahlreichen Erweiterungen und Neuerungen. Löhring ist zwar beeindruckt. Sie lobt ihn, aber sie kommt nicht einmal dazu, das Konzept zu lesen. Sie leitet es an den IT-Ausschuss weiter, wo es erwartungsgemäß versandet. In Zukunft kommen keine Vorschläge mehr von Benedikt Schröder.

Für die Mitarbeiter ist es immer enttäuschend, wenn ihre Bemühungen letztlich zu nichts führen. Sogar wenn Sie als Vorgesetzter das überschießende Engagement gar nicht bestellt haben. Wird es nicht gewürdigt, findet es in Zukunft nicht mehr statt.

Daher kommt es einerseits darauf an, keine übergroßen Erwartungen zu schüren. Andererseits aber können Führungskräfte eine Menge wiedergutmachen, wenn sie die Enttäuschungen ihrer Mitarbeiter auffangen und sich ihnen stellen. Der Sozialpsychologe Dieter Frey spricht in unserem Gartengespräch (→ S. 78) vom „Enttäuschungsmanagement", das Führungskräfte noch viel zu wenig beherrschen.

Was Sie jedoch auf jeden Fall unterlassen sollten: Die überreiche Ernte als einen sensationellen Erfolg darstellen, sich selbst als Motivationskünstler in die Brust werfen und dann die Früchte, für die es leider keine Verwendung gibt, unauffällig entsorgen. So eine Showveranstaltung nehmen Ihnen die Mitarbeiter übel. Sie fühlen sich verschaukelt. Dann schon lieber nach alter Väter Sitte die „Einmachgläser" bereithalten – im übertragenen Sinne natürlich.

Entscheidungstraining im Erdbeerbeet

Und nun begeben wir uns noch ins Erdbeerbeet. Woran erkennen Sie die Ableger, von denen am ehesten zu erwarten ist, dass sie reiche Früchte tragen? An den Ablegern selbst ist noch nicht viel zu erkennen. Entscheidend sind die Mutterpflanzen. Nehmen Sie Ableger von den kräftigsten Gewächsen, so treffen Sie mit hoher Wahrscheinlichkeit die falsche Wahl. Unter starkwüchsigen Erdbeeren befinden sich nämlich viele „blühfaule" Pflanzen, wie die Gärtner sagen.

Worauf es einzig ankommt, das sind die Erträge der Mutterpflanzen. Und da schneiden etwas schwächer gebaute Exemplare häufig besser ab. Ein aufmerksamer Gärtner markiert die gut tragenden Mutterpflanzen bereits mit einem Stöckchen, wenn sie noch keine Ableger haben. Sobald welche sichtbar werden, werden sie von der Mutterpflanze abgetrennt. Übrigens auch solche, die nicht weiter verwendet werden. Denn Ableger kosten die Mutterpflanze Energie, die sie lieber in ihre Früchte investieren sollte.

Den richtigen Standort wählen

Erdbeeren brauchen Sonne und einen geeigneten Boden. Eher gelockert und leicht sollte er sein. Ambitionierte Gärtner bestimmen auch den pH-Wert und pflanzen ihre Erdbeeren in einem leicht sauren Boden (pH-Wert: 5,5 bis 6,5). In schweren alkalischen Böden können die Wurzeln faulen.

Nicht weniger wichtig ist, was hier vorher gewachsen ist. Bestimmte Pflanzen wie Kartoffeln mögen einen ähnlichen Boden, aber als Vorläufer sind sie problematisch. Wie übrigens auch Erbsen, Bohnen und Lupinen. Die Erdbeerpflanzen werden dann nämlich häufiger von Fadenwürmern befallen. Sehr gut eignen sich hingegen Rote Beete oder Tagetes patula, eine Sommerblume, die auch andere Schädlinge abwehrt wie die gefürchtete Weiße Fliege, die in Wirklichkeit eine Schildlaus ist. Aber das nur am Rande.

Gründlich entscheiden

Der kleine Ausflug ins Erdbeerbeet ist ein ganz einfaches Beispiel dafür, wie gründliche Entscheidungen zustande kommen. Sie werden nicht aus dem Augenblick heraus getroffen, sondern vorbereitet. Die Pflanzen werden bereits markiert, wenn sie noch keine Ableger haben, und es entscheidet ein einziges, aber aussagekräftiges Kriterium: die Erträge der Mutterpflanze. Das wirkt auf uns so naheliegend und so schlüssig, dass wir meinen: So und nicht anders muss ein kundiger Gärtner vorgehen.

Im Management tun wir uns allerdings häufig schwer mit solchen einfachen und schlüssigen Verfahren. Weit verbreitet ist die Ansicht, wir müssten möglichst viele Kriterien berücksichtigen, um eine gründliche Entscheidung zu treffen. Doch genau das ist oft nicht der Fall. Stattdessen entsteht ein diffuses Bild, das noch diffuser wird, wenn wir weitere Informationen einholen oder weitere Experten befragen.

Ein guter Grund genügt
Der Psychologe Gerd Gigerenzer, Direktor am Max Planck Institut für Bildungsforschung, hat Entscheidungsprozesse erforscht. Sein überraschendes Ergebnis: In der Praxis sind einfache Daumenregeln komplizierten Verfahren häufig überlegen. Der Grund: Sie entsprechen der Art, wie wir denken. Komplexere Verfahren überfordern uns. Wir können unseren Gefühlen nicht mehr recht trauen. Und auf unsere Gefühle kommt es an, weil bei jeder Entscheidung das Gefühl das letzte

Wort hat, auch wenn wir ganz vernünftig entscheiden. Eine der Daumenregeln, die Gigerenzer gefunden hat, lautet: Ein Grund genügt, wenn er wirklich stichhaltig ist.

Eben auf die Stichhaltigkeit kommt es an. Das kann die Entscheidungsfindung wiederum etwas aufwändiger machen, doch dieser Aufwand führt auch zu besseren Ergebnissen. Wer sich nur an das hält, was ihm gleich ins Auge fällt, wählt meist das falsche Kriterium. Wie viele Mitarbeiter und Führungskräfte sind eingestellt worden, weil sie durch so etwas wie „starken Wuchs" beeindrucken konnten? Anschließend entpuppten sie sich wie die kräftigen Erdbeerpflanzen als ausgesprochen „blühfaul".

Wir fangen nie bei Null an

Eine zweite Einsicht aus dem Erdbeerbeet: Mit unseren Entscheidungen knüpfen wir immer an etwas Vorangeganges an, auch wenn wir meinen, ein „freies Feld" vor uns zu haben. Die „Vorgängerkulturen" wirken sich immer aus – übrigens nicht nur negativ. Im Gegenteil: Wenn wir an bestehende Strukturen anknüpfen können, die unserem Vorhaben förderlich sind, lassen diese sich als eine Art Wachstumsbeschleuniger nutzen.

Im nächsten Kapitel wird uns die Frage eingehender beschäftigen, wie man „Mitarbeiter anpflanzt". Deshalb hier nur noch so viel: Auch Aufgaben und Projekte können auf mehr oder weniger geeignetem Boden gepflanzt werden. Dabei spielen folgende Fragen mit hinein:

- Welche Art von Aufgaben hat das Team vorher bearbeitet? War es damit erfolgreich?
- Hat es Erfahrungen gesammelt, die auch jetzt wichtig sind? Oder haben diese Erfahrungen den Boden verdorben und das Team betriebsblind gemacht?
- Wirkt die Aufgabe stimulierend auf das Team? Oder wird sie als langweilige Routinesache angesehen?

Unsere Erdbeeren sind die besten

Wenn wir unsere Erdbeeren aus Ablegern ziehen, die wir selbst auswählen, und in ein neues Beet pflanzen, tritt ein bemerkenswerter Effekt ein: Wir neigen dazu, ihre Qualität zu überschätzen. Je mehr Mühe wir uns mit ihnen gegeben haben, umso stärker wirkt dieser Effekt. Denn wir betrachten die Erdbeeren als unsere Früchte. Und bei allem, was wir uns selbst zurechnen, sind wir nachsichtiger. Das hat nicht nur Nachteile, auch wenn wir aufpassen müssen, wenn es um Fragen der Bewertung geht.

Es hat sich gezeigt, dass Vorgesetzte Mitarbeiter viel strenger beurteilen, die sie nicht selbst ausgewählt haben. Diese Art des Messens mit zweierlei Maß hat eigentlich immer schädliche Folgen. Sowohl für die Zu-schlecht- wie für die Zu-gut-Beurteilten. Die einen fühlen sich unfair behandelt und sind demotiviert. Die anderen spüren den milden Hauch der Bevorzugung, was auch nicht gerade anspornt. Die „Lieblinge des Chefs" sind so gut wie nie Leistungsträger, sondern meist sehr bequem.

Auf der anderen Seite entsteht auf diese Weise eine Verbundenheit, die durchaus sehr positiv wirken kann, wenn sie eben nicht zur Benachteiligung von anderen führt. Aber Vorgesetzte, die ihre Mitarbeiter selbst ins Team geholt haben, fühlen sich stärker für sie verantwortlich und stehen eher für sie ein. Voraussetzung ist, dass sie sie ganz bewusst als *ihre* Leute betrachten und nicht als bloße Mitarbeiter des Unternehmens.

Wer gehört zu mir?

Der Neurowissenschaftler Antonio Damasio beschreibt, dass unser Geist permanent damit beschäftigt ist, Inhalte danach zu unterscheiden, ob sie zu uns gehören oder nicht. Dabei dienen Gefühle als Markierungen. Diese Gefühle können sich auf andere Menschen beziehen (meine Familie, meine Freunde, meine Schüler) und auch auf Dinge (mein Haus, mein Auto, mein Boot). Diesen Effekt macht sich die Werbung vielfach zunutze. Zum Beispiel wenn der Claim eines Fernsehsenders schlicht lautet: „Mein RTL".

Konkurrenzlos erfolgreich

Ein fundamentaler Unterschied zwischen Gärtner und Führungskraft ist Ihnen gewiss schon aufgefallen. Der Gärtner steht nicht im Wettbewerb mit anderen, die Führungskraft schon. Der Wettbewerb hat außerordentlich starken Einfluss auf ihr Denken und Handeln. Das hat durchaus Vorteile, wie wir wissen: Die Führungskraft strengt sich an, besser zu sein als andere. Kann sie keine Ergebnisse liefern, wird sie womöglich abgelöst durch einen Konkurrenten. Ist sie hingegen erfolgreich, wird sie belohnt. Sie erhält Bonuszahlungen und steigt vielleicht auf.

Die Welt des Gärtners sieht völlig anders aus. Er muss nicht damit rechnen, durch einen anderen ersetzt zu werden, wenn seine Früchte klein und schrumpelig bleiben. Auch bekommt er keinen größeren Garten, wenn er gut wirtschaftet. Es ist nicht einmal sicher, ob er überhaupt ein schlechterer Gärtner ist, wenn die Vögel seine Kirschen fressen. Und doch kümmert sich der Gärtner mit viel Ausdauer und Liebe um seine Pflanzen. Warum nur? Wahrscheinlich weil er Pflanzen einfach mag und sich an ihrem Gedeihen erfreut. Das treibt ihn an.

Bei den Führungskräften liegt der Fall anders. Besondere Anhänglichkeit an den eigenen Garten wird nicht unbedingt geschätzt, ja, es gilt eher als Karrierehindernis. Ziel ist auch nicht die hingebungsvolle Pflege des Gartens, sondern der berufliche Aufstieg, also die Verfügungsgewalt über einen möglichst großen Garten.

Der Zustand des Gartens ist nur insoweit relevant, wie er sich positiv oder negativ auf den Ertrag auswirkt. Dabei muss der Ertrag möglichst hoch liegen. Wichtiger noch ist aber, dass er höher liegt als der vergleichbarer Gärten. Das führt gewöhnlich dazu, dass die Pflanzen vor lauter Ertragsstress in einem erbärmlichen Zustand sind, die Führungskraft aber als ungemein erfolgreich gilt und weiter aufsteigt. Ihr Nachfolger kann dann zusehen, was er mit den ausgelaugten Pflanzen anfängt.

Andere Führungskräfte haben das Pech, dass Unwetter ihre Ernte verhageln und sie für die schlechten Ergebnisse geradestehen müssen oder es hat Schädlingsbefall gegeben. Der ist zwar mittlerweile unter Kontrolle, aber die Erträge sind zu niedrig.

Konkurrenz soll das Geschäft beleben

Auch wenn es in der idyllischen Welt des Gärtners ausgeblendet bleibt, so erfüllt das Prinzip des Wettbewerbs in der Welt des Managements eine wichtige Funktion – im Übrigen auch in der Natur, wie wir noch sehen werden. Konkurrenz treibt Veränderungen an, bringt Verbesserungen hervor und verhindert, dass wir uns in satter Selbstzufriedenheit einrichten. Konkurrenz kann stark belebend wirken, auch in Organisationen.

Zugleich aber darf das Konkurrenz-Prinzip nicht alles durchdringen, sonst wird es zerstörerisch. Es muss ergänzt werden durch das Prinzip der Kooperation. Und es darf auch Bereiche geben, in denen das Konkurrenz-Prinzip wenigstens zeitweise ganz außer Kraft gesetzt wird.

Die Figur des Gärtners steht für ein solches „konkurrenzloses" Wirken. Wir sollten uns darüber im Klaren sein, dass wir die positiven, die „biophilen" Aspekte des Gärtnerseins nur dann für die Führung erschließen, wenn wir Wettbewerb begrenzen. Das heißt gerade nicht, dass Ergebnisse nun nicht mehr zählen und die Erfolge keine Rolle mehr spielen. Das Gegenteil ist der Fall.

Was ist ein erfolgreiches Unternehmen?

Denn am Ende stellt sich die Frage, was überhaupt ein erfolgreiches Unternehmen ausmacht. Dass es eine möglichst hohe Kapitalrendite erzielt? Dass es einen möglichst hohen Wert hat, ablesbar zum Beispiel am Börsenwert? Dass es Produkte auf den Markt bringt, die stark nachgefragt sind? Dass es vielen Menschen ihren Lebensunterhalt sichern hilft?

In diesem Buch wollen wir den Erfolg eines Unternehmens in einem sehr viel breiteren Sinn verstanden wissen. Ein Unternehmen, das eine hohe Rendite erzielt, aber seine Beschäftigten in großer Zahl in den Burn-out treibt, ist gewiss kein erfolgreiches Unternehmen. Ebenso wenig eines, das schädliche Produkte herstellt oder die Umwelt zerstört. Umgekehrt muss auch ein Unternehmen, das seine Belegschaft gut behandelt, rentabel arbeiten. In diesem Sinne spielen viele Faktoren eine Rolle. Am Ende dürfte das Gesamtbild entscheiden. Ganz wie im Obstgarten, bei dem es ja auch nicht ausschließlich darum geht, wie viele Früchte er jedes Jahr abwirft.

Gartengespräch mit Dieter Frey

Dieter Frey, Professor für Sozialpsychologie an der Ludwig-Maximilians-Universität in München, gehört zu den renommiertesten Psychologen in Deutschland. Zu seinen Forschungsgebieten gehört Führung ebenso wie Teamarbeit, Motivation und Entscheidungen in der Gruppe. 1998 erhielt er den Deutschen Psychologie-Preis. Seit 2003 ist er Akademischer Leiter der Bayerischen EliteAkademie in München und er ist Leiter des LMU-Centers für Leadership und People-Management. Ein besonderes Anliegen von ihm ist der Transfer wissenschaftlicher Erkenntnisse in die (Führungs-)Praxis.

Herr Professor Frey, welche Beziehung haben Sie zu Gärten?

Frey: „Meine Eltern hatten einen großen Garten. Da musste ich immer die Blumen gießen und die Salate. Ich habe Johannisbeeren und Stachelbeeren gepflückt. Ich habe also eine positive Beziehung zu Gärten, weil ich schon früh ihren Vorteil kennengelernt habe.

Jetzt haben wir nur einen kleinen Garten, den ich aber sehr mag. Man kann darin auch grillen. Ich freue mich an den Blüten, an dem wachsenden Gras, an der Frische, die so ein Garten hat. Ich mag Gärten, weil sie für mich identisch sind mit Leben. Aber auch mit Pflegen. Dabei greife ich relativ wenig ein in meinem Garten. Ich lasse ihn ganz bewusst wachsen."

Welche Art von Garten gefällt Ihnen besonders? Und warum?

Frey: „Einerseits gefallen mir Gärten, die mit ganz unterschiedlichen Blumen geschmückt sind, die sich im Laufe der Jahreszeit entfalten. Mir gefallen aber auch Nutzgärten, denen man anmerkt, dass die Leute da mit sehr viel Herzblut ihre Salate, ihre Früchte und ihr Gemüse ziehen. Meine Schwester hat so einen Garten."

Sprechen wir von den Gärten des Managements: Wie können Führungskräfte die Fähigkeiten ihrer Mitarbeiter am besten fördern?

Frey: „Sie können sie am besten fördern, wenn sie deren Sehnsüchte, deren Bedürfnisse, deren Wünsche kennen. Wer die Sehnsüchte seiner Mitarbeiter nicht kennt, wird sie nicht erreichen. Außerdem: Wenn man ihre Sehnsüchte kennt, hat man oft auch einen Anhaltspunkt, wo ihre Talente stecken.

Als Führungskraft muss ich also schauen, meine Mosaiksteine an Aufgaben so zu besetzen, dass sich dort auch die Talente der Leute entwickeln können. Nur das, was man gerne macht, gelingt einem auch gut. Und nur in dem, was man gerne und gut macht, entwickelt man sich weiter. Bei solchen Aufgaben fließt weniger Energie ab, es kommt manchmal sogar noch Energie zurück.

Es ist die Kunst von Führung, in seinem Team die vielen Aufgaben so zu verteilen, dass die Mitarbeiter einen möglichst hohen Anteil davon als etwas Positives empfinden, fast als Hobby – weil diese Aufgaben im Einklang mit ihren Sehnsüchten stehen. Natürlich können das nicht alle Arbeitseinheiten sein.

Auch ganz wichtig ist: Nicht jede Sehnsucht erfüllt sich oder ist überhaupt realistisch. Zum Beispiel schnelle Karriere, Arbeitsplatzgarantie oder völlige Handlungsfreiheit. Als Führungskraft habe ich die Aufgabe, mich auch mit überzogenen Erwartungen auseinanderzusetzen."

*Die Mitarbeiter besser kennen, ist das eine. Was sollte man als Führungs-
kraft selbst tun?*

Frey: „Ich muss Sinn vermitteln – bei alledem, was ich von den
Mitarbeitern verlange. Wer Leistung fordert, muss Sinn bieten.
Wenn mir das auf die Dauer nicht gelingt, werden die Leute ent-
fremdet sein, sie werden ihr Potenzial nicht entwickeln.

Damit verbunden ist ein Höchstmaß an Klarheit in der Kommunikation: Wer soll was tun? Wer ist wofür verantwortlich? Und außerdem gehört auch Wertschätzung dazu. Es gilt die Devise: Keine
Wertschöpfung ohne Wertschätzung. Ich muss die Stärken sehen
und positive Rückmeldung geben. Dabei ist entscheidend, dass
ganz klar ist, welche Ziele erreicht werden sollen. Wer kein Ziel hat,
kann auch keines erreichen.

Und schließlich sollte auch ein Vertrauensverhältnis bestehen. Zwischen Mitarbeitern und Führungskraft, aber auch zwischen den
Mitarbeitern. Dass man sich gegenseitig unterstützt. Und das gilt
nicht nur für die rein fachlichen Angelegenheiten, sondern auch für
die menschlichen."

*Zur Wertschätzung: Wie soll man einen Mitarbeiter wertschätzen, der
keine gute Leistung bringt?*

Frey: „Ich habe schon erwähnt: Es ist entscheidend, dass die Ziele
klar sind. Manchmal gibt es auch multiple Ziele und ich muss die
Ziele immer wieder neu priorisieren. Aber wenn die Ziele klar sind,
dann kann ich das vergleichen mit dem Ist-Zustand. Ich kann täglich, wöchentlich, monatlich schauen, wie weit das Ziel erreicht
worden ist.

Und wenn das Ziel verfehlt wird, muss ich Ursachenforschung
betreiben. Vielleicht war das Ziel nicht realistisch, vielleicht reich-
ten die Mittel nicht aus. Oder die Fähigkeiten. Natürlich habe ich
Probleme mit Wertschätzung, wenn die Ziele nicht erreicht werden. Aber ich muss immer die Ursachen analysieren: Ist es ein
Nichtkennen, ein Nichtkönnen, ein Nichtwollen? Je nach Sachlage
muss ich mich anders verhalten. Vielleicht ist auch jemand am falschen Platz, in der falschen Gruppe."

*Wie wichtig ist der Einfluss der unmittelbaren Vorgesetzten? Im Vergleich
zur höchsten Führungsebene?*

Frey: „Der unmittelbare Vorgesetzte ist wichtiger. Sein Führungsverhalten bekommt der Mitarbeiter jeden Tag zu spüren. Diese
persönliche Erfahrung ist prägender als der Einfluss der obersten

Chefetage. Aber die prägt die Kultur des Hauses und es ist fraglich, ob da der direkte Vorgesetzte diametral dagegen handeln kann. Insofern setzt das Topmanagement natürlich den Rahmen. Es entscheidet, ob im Unternehmen Menschenfreundlichkeit herrscht oder Formalismus, hierarchisches Denken. Aber der direkte Vorgesetzte kann vieles abfedern, wenn von oben etwas schiefläuft.

Auch die Forschungen zeigen ganz eindeutig: Für die Arbeitszufriedenheit und das Engagement der Mitarbeiter ist der direkte Vorgesetzte wichtiger. Im Durchschnitt wird dieser auch besser bewertet. Je weiter die Distanz von Führung ist, umso negativer wird sie beurteilt. Im Übrigen kann der direkte Vorgesetzte manches auch auf die oberste Führungsebene schieben. Die kann dann auch ein bisschen eine Sündenbockfunktion bekommen."

Einige Studien zeichnen aber kein sehr positives Bild von den Vorgesetzten.

Frey: „Das stimmt. Es gibt Untersuchungen, die zeigen, dass nahezu jeder zweite Mitarbeiter schon innerlich gekündigt hat. Da ist die Ursache für mich eindeutig: schlechte Führungskultur. Nun will ich Deutschland überhaupt nicht schlechtreden, aber was an Potenzial vergeudet wird durch schlechte Führung, das ist schon erheblich. Wir haben eben nirgendwo eine wirklich professionelle Ausbildung für Führung, die auch ein werteorientiertes Führungsverständnis vermittelt.

Eine weitere Erklärung, warum so viele innerlich gekündigt haben: Menschen fühlen sich nicht immer fair behandelt. Ihre Hoffnungen und Erwartungen über Karriere, Gehalt oder interessante Projekte sind enttäuscht worden. Führung ist daher immer auch Management von Enttäuschungen. Und das machen unsere Führungskräfte häufig nicht sehr gut."

Wie könnte das Management von Enttäuschungen aussehen?

Frey: „Durch Fairness. Die Fairnessforschung definiert vier Arten von Fairness. Eine Art von Fairness ist enttäuscht worden, die Ergebnis-Fairness. Doch die drei anderen Arten können das ausgleichen. So könnte man durch prozedurale Fairness die Enttäuschung abmildern. Indem man die Kriterien transparent macht. Zudem sollte man die Menschen auch fair informieren, das heißt umfassend und ehrlich, und sie nicht für dumm verkaufen. Das ist Informationsfairness. Die ist auch eine Frage der Wertschätzung. Wie überhaupt Wertschätzung sehr vieles mildern kann: Ich zeige dem anderen, dass ich ihn weiterhin schätze, auch wenn er irgendetwas nicht erreicht hat. Das ist die interpersonale Fairness. In allen Arten von Fairness haben Führungskräfte im Durchschnitt große Defizite. Sie lassen die Leute mit ihren Enttäuschungen allein."

Vielleicht kümmern sie sich nicht um sie, weil sie weniger leistungsfähig sind?

Frey: „Überhaupt nicht. Oft sind es ja die Leistungsträger, die enttäuscht sind, dass sie nicht aufsteigen. Werden die mit ihrem Ärger allein gelassen, verliere ich gute Leute. Es kann schon helfen, wenn ich eine offene Tür für sie habe. Ich muss mir ihren Ärger anhören. Dann muss ich einerseits noch mal begründen und noch mal begründen. Andererseits muss ich vermitteln: Sie sind weiterhin wertvoll. Und ich muss mit ihnen zusammen überlegen, wie ihre Perspektiven sind."

Wie sieht es in der Praxis aus? Gibt es Führungskräfte, die dem Ideal, das Sie schildern, entsprechen?

Frey: „Das Bild ist sehr uneinheitlich. In den großen Konzernen beobachte ich eher ein Hauen und Stechen. Im Kern erlebe ich die Konzerne so, dass man sich da nicht entfalten kann. Insbesondere die Querdenker und Quergeister nicht. Man blockiert sich gegenseitig in den Hierarchien. Jeder schaut auf sein Recht, bunkert Informationen. Chefs wollen gute Leute nicht hochkommen lassen, weil sie sich bedroht fühlen. Jeder versucht, sich selbst zu schützen. Und alles, was Wissenschaft und gute Erfahrung sagt, wird da nicht gelebt. Von Ausnahmen abgesehen.

Positivbeispiele erlebe ich allerdings vor allem bei Mittelstandsfirmen. Darunter sind auch Weltmarktführer. Da gibt es hierarchiefreie Kommunikation, flexible Strukturen, ganz enge Teamarbeit, eine partnerschaftliche Führung. Bis hin zu Laisser-faire im positiven Sinn. Ich gebe ganz viel Freiheiten und nur lockere Rahmenbedingungen vor, weil ich weiß, da sind die Leute am stärksten motiviert und kreativ."

Welche Chance hat denn eine Führungskraft, sich als integrer Einzelkämpfer zu behaupten, wenn die Unternehmenskultur nicht so günstig ist?

Frey: „Er hat überhaupt keine Chance als Einzelkämpfer. Er wird permanent über den Tisch gezogen. Und wenn seine Position etwas stärker wird, dann wird er von hinten erstochen.

Was er tun muss, um sich zu behaupten: Er braucht ganz dringend ein Netzwerk. Er muss Leute finden, die so ähnlich denken wie er. Nur gemeinsam haben sie eine Chance, sich in einer Welt durchzusetzen, die geprägt ist von Machiavellismus, Narzissmus und selbstbezogenem Machtstreben.

Gott sei Dank kenne ich Fälle, in denen man solchen Machtmenschen die Stirn bietet. Allerdings umgeben sich die Mächtigen gerne mit Leuten, die ähnlich machtpolitisch denken wie sie. Die ziehen sich gegenseitig nach oben. Leistung ist dann gar nicht entscheidend. In solchen Fällen hat ein integrer Einzelkämpfer nur zwei Möglichkeiten: Entweder baut er sich eine Insel, wo er ungestört vor sich hinwerkeln kann. Oder er verlässt das Unternehmen."

Und wie kann sich ein Netzwerk von integren Führungskräften behaupten?

Frey: „In der Bayerischen EliteAkademie versuchen wir ethische Führung zu vermitteln. Dabei geht es auch um die Frage, wie man sich gegen die Machiavellisten behaupten kann. Da gibt es mehrere Möglichkeiten: Man kann Vorgänge transparent machen und offen ansprechen, man kann die Machtmenschen an die Wand laufen lassen, in bestimmten Fällen ist auch das Prinzip „Wie du mir, so ich dir" zulässig. Es wäre auch notwendig, Zivilcourage zu zeigen, wenn aufstrebende Mitarbeiter und Führungskräfte sich unethisch verhalten. Darüber sollte man die oberen Chefetagen informieren, im Sinne von whistle blowing. Dies hat nichts mit Anschwärzen zu tun, sondern mit einem Engagement für eine ethikorientierte Kultur.

Schließlich geht es darum, diese Opportunisten und Machtmenschen nicht zu fördern. Oft bekommt man es doch relativ schnell mit, wie jemand charakterlich ist. Und meine These ist: Wir haben zu viele Leute in den Chefetagen, die charakterlich nicht okay sind. Aber nur mit Menschenwürde, Fairness und Vertrauen kriege ich auf Dauer Leistung, Kreativität und Qualität hin. Das ist genau der Witz."

Eines Ihrer Forschungsgebiete sind Gruppen. Sind heterogene Gruppen leistungsfähiger als homogene?

Frey: „In homogenen Gruppen verstärken sich die Leute gegenseitig. Und Homogenität ist dann gut, wenn Sie auf dem richtigen Pfad sind, wie der Ozeandampfer, der ein festes Ziel ansteuert. Aber je komplexer die Welten sind und je schneller sich Ziele ändern, umso nachteiliger wird Homogenität. Dann sind heterogene Gruppen besser. Mit unterschiedlichen Erfahrungen und Perspektiven. Sie treffen weniger Fehlentscheidungen, sehen Fehler schneller und meistern neue Probleme schneller. Dabei ist eines aber wichtig: Auch die heterogenen Gruppen brauchen Homogenität, was ihre Werte betrifft. Sie brauchen gemeinsame Spielregeln, an die sich jeder halten muss."

Im Klostergarten: Innovationsräume schaffen

„Ihr habt sehr verschiedenartige Kräuter aus sehr verschiedenen Klimazonen. Wie kommt das?" – „Zum Teil verdanke ich sie der Gnade des Herrn. Zum anderen Teil verdanke ich sie den Errungenschaften der Kunst, die ich nach dem Willen meiner Lehrer erlernen durfte. Manche Pflanzen gedeihen auch in feindlichem Klima, wenn man den Boden und die Nahrung und das Wachstum entsprechend pflegt." – Umberto Eco: Der Name der Rose.

Klostergärten erfreuen sich wachsender Beliebtheit. Von Jahr zu Jahr locken sie mehr Besucher an. Aber auch altbewährte Tipps und Tricks aus dem Klostergarten werden von vielen Hobbygärtnern neuerdings gerne aufgenommen. Denn Nonnen und Mönche verfügen über jahrtausendealte Erfahrungen, sie gärtnern „naturnah", wie man heute sagt, und brauchen keine Spritzmittel.

Der Klostergarten vereint Gegensätzliches: Einerseits folgt er dem Gebot der Nützlichkeit. Als Obst- und Gemüsegarten versorgt er das Kloster mit Nahrung, der Kräutergarten dient als Apotheke. Außerdem ist der Platz in den Klostermauern begrenzt und muss daher gut genutzt werden. Andererseits aber strahlt der Klostergarten Ruhe, Schönheit und Harmonie aus. Er ist ein Ort der inneren Sammlung und der Erbauung.

Unsere Vorstellung vom mittelalterlichen Klostergarten wird bestimmt von einer Zeichnung aus dem frühen 9. Jahrhundert: dem Klosterplan von Sankt Gallen, der idealtypisch eine riesige Klosteranlage mit rund 50 Gebäuden zeigt. Es handelt sich um die einzige Darstellung dieser Art. Viele Klöster und ihre Gärten sind nach diesem Muster gestaltet.

Die vier Elemente des Klostergartens

Wir dürfen nicht vergessen, dass ein Kloster Selbstversorger sein sollte. Insoweit bildet sein Garten einen kleinen Kosmos, der alles Notwendige enthalten musste. Zugleich ist er aufgeladen mit christlicher Symbolik. Jede Pflanze weist über sich selbst hinaus, sie repräsentiert religöse Inhalte. So steht der unverwüstliche Efeu für das ewige Leben, die weiße Lilie für die Reinheit der Muttergottes und der rote Mohn für die Leidensgeschichte Christi. Ein Klostergarten besteht aus drei bis vier Teilgärten, die jeweils unterschiedliche Aufgaben erfüllen:

- Herbularius, der Heilkräutergarten, in dem aber auch Küchenkräuter für den täglichen Bedarf angebaut wurden.

- Hortus, der Gemüsegarten, in dem Bohnen, Zwiebeln, Sellerie, Mangold und viele weitere Sorten gezogen wurden.

- Pomarium, der Obstgarten, in dem nicht nur Äpfel, Birnen und Aprikosen geerntet wurden, sondern auch heute sehr selten gewordene Früchte wie die von Speierling und Mispel.

- Viridarium, der Ziergarten, der erst später dazukam und in dem sich Grünflächen und Blumenbeete abwechseln.

Dabei durchdringen sich die Funktionen: So haben die Heilkräuter, die Gemüsesorten und die Obstbäume auch ihre spirituelle Bedeutung. Umgekehrt dient der Ziergarten nicht nur der Erbauung, sondern erfüllt zudem einen praktischen Nutzen: Die Blumen werden als Altarschmuck verwendet.

Die 24 Pflanzen der Klostergärten

Großen Einfluss auf die Gestaltung der Klostergärten nahm der Abt des Klosters Reichenau Walahfried Strabo. Im 9. Jahrhundert schrieb er ein Lehrgedicht über die klösterliche Gartenkultur, den „Hortulus" (das Gärtchen), das erste Gartenbuch überhaupt. Darin stellt er 24 Pflanzen und ihre Wirkungsweise vor. Diese 24 Pflanzen gelten als Ideal für die Bepflanzung der Klostergärten.

Trennen und Mischen

Im idealisierten Klostergarten von Sankt Gallen waren die Pflanzen streng voneinander geschieden. Es gab 16 rechteckige Beete, die von Buchs umrahmt waren und in denen jeweils nur eine Pflanzenart wachsen durfte. Und es war auch festgelegt, welches Beet neben welchem angelegt werden sollte. Denn die Nonnen und Mönche wussten sehr wohl, welche Pflanzen sich gut vertrugen und welche auf Abstand zu halten waren.

Zugleich aber hat das Prinzip der Mischkulturen in den Klostergärten eine lange Tradition. Dabei werden Pflanzen kombiniert, die sich gut vertragen und sogar unterstützen. Keine geringere als die Äbtissin Hildegard von Bingen empfahl Sellerie und Schwertlilien zusammenzupflanzen, oder auch Knoblauch und Fenchel. Weiterhin vertragen sich Zwiebeln und Möhren, Erdbeeren und Knoblauch sowie Bohnen, Gurken und Dill. Manche Blumen lassen sich ebenfalls gut kombinieren wie Rittersporn und Schwertlilie.

Die Nachbarn der Rose

Auch im Klostergarten steht die Rose häufig im Mittelpunkt. Und zwar buchstäblich, denn viele Kräutergärten sind in Kreuzform angelegt und in der Mitte befindet sich ein Rosenbeet.

Wie auch viele Hobbygärtner wissen, gedeihen Rosen besser in der Nachbarschaft von stark duftenden Sträuchern wie Lavendel, Salbei oder Thymian, die Blattläuse fernhalten. Allerdings mögen beide Partner unterschiedliche Standorte: Rosen stehen nicht so gerne in der prallen Sonne und lieben feuchten und nährstoffreichen Boden. Die genannten Sträucher haben es gerne heiß und trocken. Weil die Rosen aber der wichtigere Partner sind und deshalb der Boden schön feucht gehalten wird, sehen die Sträucher oft ein wenig mitgenommen aus. Es gibt aber Alternativen aus dem Klostergarten: Pfefferminze oder die Weinraute.

Zu den Prinzipien des Trennens und Mischens der Pflanzen gibt es eine bemerkenswerte Entsprechung in der Architektur der Klöster, genauer: in der Anordnung ihrer Räume. Es gibt die Klosterzelle, in der jede Nonne und jeder Mönch für sich bleibt. Und es gibt den Kreuzgang als Ort der Begegnung. Davon wird noch zu reden sein. Denn auf dieses Prinzip berufen sich auch Architekten, die Gebäude für hochinnovative Unternehmen entwerfen.

Wie man Mitarbeiter anpflanzt

Klostergärtner wissen: Ob eine Pflanze wächst und gedeiht, das hängt stark davon ab, wo man sie anpflanzt, in welcher Art von Boden, an was für einem Standplatz (schattig oder sonnig) und in wessen Nachbarschaft. Das sind gleich drei wichtige Aspekte, die zu beachten sind. Bei der Führung von Mitarbeitern spielen sie so gut wie keine Rolle. Wir meinen, Menschen können sich bewegen, einen Großteil ihrer Arbeit erledigen sie ohnehin online oder sie greifen zum Telefon. Wo jemand „sitzt", in welchem Büro er seinen Platz hat oder ob er überhaupt unterwegs oder zu Hause arbeitet, in seinem „Home Office", das mag einen gewissen Einfluss haben, ist aber von untergeordneter Bedeutung. Nun, diese Annahme ist eben ein gewaltiger Irrtum.

Tatsächlich hat der Ort, an dem wir arbeiten, einen erheblichen Einfluss auf die Ergebnisse, die wir zustande bringen. Und damit sind nicht allein ergonomische Aspekte gemeint. Ihr Bürostuhl kann noch so rückenfreundlich sein, wenn er am falschen Platz steht, werden Sie ebenso verkümmern wie ein Rhododendron, der in sandiger Erde zurechtkommen muss.

Wurzeln schlagen – der geeignete Boden

Zunächst kommt es darauf an, dass man an seinem Arbeitsplatz *überhaupt* Wurzeln schlagen kann. Wir brauchen einen Ort, an dem wir uns verankern können, den wir als *unseren* Platz ansehen, ein mehr oder weniger bescheidenes Revier, das wir kontrollieren. Auch wenn wir ständig unterwegs sind, benötigen wir so einen definierten Raum, um uns buchstäblich im Unternehmen zu verorten. Können wir das nicht, gehören wir nicht richtig dazu.

Bei Bürojobs handelt es sich meist um den eigenen Schreibtisch, dem wir eine mehr oder weniger persönliche Note verleihen dürfen. Auch wenn die Familienfotos, Postkarten oder eigenen Büropflanzen gelegentlich belächelt werden, so erfüllen solche Gegenstände doch drei Funktionen:

- Sie markieren das Revier als das eigene: Fremde dürfen hier nicht hin.

- Sie schaffen eine Verankerung: Hier ist mein Platz, hier fühle ich mich wohl.

- Sie sind Ausdruck unserer Persönlichkeit und zeigen den anderen: So eine(r) bin ich, ich bin unverwechselbar.

Verloren in flexiblen Bürolandschaften

Einige Unternehmen haben das Prinzip des festen Schreibtischs abgeschafft. Die Mitarbeiter verwahren ihre persönlichen Gegenstände in abschließbaren Rollcontainern und suchen sich jeden Tag ihren Schreibtisch, einen, der gerade frei ist. Auf diese Weise braucht man weniger Schreibtische, weniger Platz und gewinnt erheblich an Flexibilität. Mitarbeiter von anderen Standorten können sofort integriert werden. Ja, der Unterschied zwischen den Belegschaften hier und dort wird eingeebnet, was ja durchaus wünschenswert sein kann.

Die Einrichtung solcher Bürolandschaften wird meist verbunden mit einem Credo für mehr Offenheit, Selbstbestimmung und Freiheit für den einzelnen Mitarbeiter, der sich seinen Arbeitsplatz selbst wählen kann. Ob er sich in eine „Kreativzelle" zurückzieht, in der unternehmenseigenen Sofaecke sein Notebook einstöpselt oder beim Latte macchiato in der Lounge neue Ideen ausbrütet, es liegt ganz bei ihm. „Dein Arbeitsplatz ist da, wo du dich gerade aufhältst", heißt es in der Zentrale des niederländischen Versicherungskonzerns Interpolis.

Aber seltsam, die Mitarbeiter schätzen diese Art von Selbstbestimmung nicht besonders. Eben weil sie verbunden ist mit dem Verlust des eigenen Orts, an dem man verankert ist. Nichts gegen einen Ortswechsel, aber es ist eben ein entscheidender Unterschied, ob ich von *meinem* Schreibtisch aufstehe, um mich zum Gedankenaustausch in die Teeküche zu begeben, oder ob ich jeden Tag mit meinem Rollcontainer die Firma durchstreife, um mir einen Arbeitsort zu suchen.

Die Generation Y legt Wert auf den eigenen Schreibtisch

Dieses Phänomen betrifft nicht etwa nur die „Fourtysomethings". Eine Studie im Auftrag des Autozulieferers Johnson Controls ergab, dass auch die Angehörigen der internetaffinen „Generation Y" (Alter 18 bis 25 Jahre) großen Wert auf einen eigenen Schreibtisch legen, den sie individuell gestalten können. Nicht weniger als 87 Prozent der Befragten äußerten diesen Wunsch. Acht Prozent wären bereit, ihren Schreibtisch mit Kollegen zu teilen. Und nur fünf Prozent würden ein System mit täglich wechselnden Schreibtischen akzeptieren.

Gleichzeitig wünschen sie sich aber schon mehr Offenheit und Selbstbestimmung. Sie möchten die Möglichkeit haben, die Arbeitszeiten individuell zu regeln und zeitweise von zu Hause zu arbeiten. Auch Fitnessräume und Cafeterias werden durchaus geschätzt.

Großraumbüros machen krank

Der eigene Schreibtisch nützt allerdings wenig, wenn er in einem Großraumbüro steht, das ja gleichfalls die Mitarbeiter zu mehr Offenheit, Kommunikation und Flexibilität veranlassen soll. Tatsächlich geschieht das Gegenteil: Wer dort produktiv sein möchte, muss gewaltige Anstrengungen aufwenden, um sich abzuschotten. Die Kollegen an den Schreibtischen nebenan wirken sich keineswegs inspirierend aus, sondern eher ablenkend oder störend.

„Je mehr Menschen in einem Büro arbeiten, umso größer ist die Unzufriedenheit mit den allgemeinen Arbeitsbedingungen", erklärt die Schweizer Architektin Sibylla Amstutz, die eine Studie der Hochschule Luzern zum Thema Arbeitsplatzzufriedenheit geleitet hat. Darunter leidet nicht nur die Leistungsfähigkeit, sondern es gibt auch einen direkten Zusammenhang mit der Anzahl der Fehltage, wie die Luzerner Studie ergab. Zudem klagten die Beschäftigten häufiger über Müdigkeit, juckende Augen oder trockene Gesichtshaut.

Journalisten in „Käfighaltung"

Aus Kostengründen arbeiten viele Redaktionen in immer engeren Groß-raumbüros, die auch von freien Mitarbeitern und Praktikanten genutzt werden. Diese belastenden Arbeitsbedingungen veranlassten den Publizis-ten Hajo Schumacher zu der Bemerkung, dass die „Käfighaltung" für Hüh-ner abgeschafft worden sei, nicht jedoch für Journalisten.

Tiefe Wurzeln, flache Wurzeln

Nun ist das Bedürfnis, Wurzeln zu schlagen, bei den Mitarbeitern un-terschiedlich stark ausgeprägt. So gibt es ausgesprochene „Flachwurz-ler", die immer wieder neues Gelände brauchen, das sie für sich entde-cken können. Sie sind anpassungsfähig, flexibel und fassen relativ schnell in neuem Erdreich Fuß. Eine neue Umgebung, neue Aufgaben, neue Menschen, mit denen sie zu tun haben, all das reizt sie. Müssen sie sich zu lange an einer Aufgabe abarbeiten, verkümmern sie.

Für andere Mitarbeiter gilt geradewegs das Gegenteil. Sie fühlen sich wohl, wenn sie sich tief in eine Aufgabe oder in ein Fachgebiet eingra-ben können. Sie mögen es nicht so gern, wenn sie sich auf immer neue Leute einstellen müssen. Sie fassen Vertrauen nur zu wenigen, aber mit denen arbeiten sie ausdauernd und zuverlässig zusammen. Manchmal erwachsen daraus Arbeitsgemeinschaften, die ein Leben lang halten.

Die richtige Umgebung, die richtigen Aufgaben

Eine gute Führungskultur zeichnet sich dadurch aus, dass Flach- und Tiefwurzler so eingesetzt werden, wie es ihrer Art entspricht. Davon profitiert am Ende die ganze Abteilung oder Organisation. Denn gebraucht werden sie beide: die akti-ven, extrovertierten Flachwurzler und die gründlichen, bedächtigen, bohrenden Tiefwurzler.

Sonnenfresser und Halbschattengewächse

Im Garten gedeihen viele Pflanzen nur, wenn die Sonne über ihnen scheint. Sie recken sich ihr mit aller Kraft entgegen und müssen an ihrem Standplatz unbedingt am höchsten wachsen. Werden solche „Sonnenfresser" von ihren Konkurrenten überflügelt, dann geht es ihnen schlecht. Andere Gewächse geben sich mit weniger Sonne zu-frieden und gedeihen besser im Halbschatten. Sie brauchen geradezu die aufstrebenden Sonnenfresser, um nicht selbst der vollen Strahlen-dosis ausgesetzt zu sein.

Orientierung und maßvolle Anerkennung für Halbschattengewächse

Auf Ihre Mitarbeiter übertragen könnte das heißen: Der eine sucht Ihre Aufmerksamkeit, will Ihre Anerkennung und hat keine Bedenken, seine Kollegen beiseite zu schieben. Die andere mag es nicht, im Mittelpunkt zu stehen und die Kollegen zu überragen. Natürlich will auch sie Ihre Anerkennung; sie ist ja ein *Halb*schattengewächs, aber bitte keine unausgesetzte Sonnenbestrahlung. Solche Mitarbeiter fühlen sich wohler, wenn sie sich an anderen orientieren können. Dabei haben sie durchaus ihren eigenen Standpunkt, sie wagen sich aber nicht als erste damit vor, sondern beziehen sich lieber auf diejenigen, die sich schon geäußert haben. Und täuschen Sie sich nicht: Unter den Halbschattengewächsen finden sich durchaus solche mit einem ausgeprägten Selbstbewusstsein.

Sonnenfresser sind nicht die besseren Mitarbeiter

Weil sie die Aufmerksamkeit auf sich ziehen, hält mancher Vorgesetzte seine Sonnenfresser für besonders leistungsfähig. Verfügen sie über ein ausgeprägtes Talent zur Selbstdarstellung, werden sie gelegentlich hemmungslos überschätzt. Zweifellos haben sie ihre Fähigkeiten; die müssen sie ja auch unter Beweis stellen. Aber als guter Gärtner darf man eben nicht die Leistungen der Halbschattengewächse übersehen. Zumal in ihrem Naturell auch eine gewisse Stärke liegt: Sie brauchen nicht die Aufmerksamkeit, die Ihnen die Sonnenfresser abfordern. Umso mehr haben sie dann aber auch Ihre Anerkennung verdient.

> **Machen Sie Halbschattengewächse nicht zu Sonnenfressern**
> Sie können einem echten Halbschattengewächs keinen größeren Gefallen tun, als sein Naturell zu respektieren. Das fällt manchen Führungskräften schwer, denn sie selbst ticken ja so ganz anders. In bester Absicht ermutigen sie einen solchen Mitarbeiter, stärker die Initiative zu ergreifen und sich mehr in den Vordergrund zu spielen. Womöglich übertragen sie ihm eine kleine Leitungsfunktion (für einen Sonnenfresser eine großartige Belohnung). Und wenn er sich da unbehaglich fühlt und nicht zurechtkommt, dann halten sie ihn für unfähig. Dabei kann er seine Stärken erst dann entfalten, wenn er aus der zweiten Reihe agieren darf. Dann hat er auch weniger Schwierigkeiten, seinen Standpunkt zu vertreten.

Nachbarschaften: Inspiration oder Frustration

Im Garten leuchtet es unmittelbar ein: Wie gut eine Pflanze gedeiht, das hängt auch davon ab, was in seiner Nähe wächst. Doch in Organisationen ist es nicht anders. Es ist verblüffend, wie ausgeprägt dieser

Effekt ist. Menschen, die in unserer Nähe arbeiten, beeinflussen uns wesentlich stärker, als man meint. Positiv wie negativ.

Freundschaft im Alphabet

Die Sozialwissenschaftlerin Mady Wechsler Segal von der Eastern Michigan University wollte herausfinden, welche Faktoren dazu beitragen, dass sich Menschen miteinander befreunden. Dazu befragte sie Absolventen einer Polizeiakademie, wem von ihren ehemaligen Mitschülern sie sich am stärksten verbunden fühlten. Zusätzlich sammelte sie zahlreiche weitere Daten über die Absolventen.

Man hatte erwartet, dass Religion, gemeinsame Herkunft, Hobbys oder Familienstand starken Einfluss haben würden, doch überraschenderweise war das nicht der Fall. Dann entdeckte Segal eine Merkwürdigkeit: Viele Freunde hatten den Anfangsbuchstaben ihres Nachnamens gemeinsam. Und so stieß sie auf die eigentliche Ursache: Die Schüler saßen in alphabetischer Reihenfolge nebeneinander. Als sie diejenigen nennen sollten, denen sie sich besonders verbunden fühlten, setzten 90 Prozent von ihnen ihren unmittelbaren Banknachbarn auf die Liste.

Den gleichen Effekt finden wir auch im Berufsleben und zwar durchaus auch dort, wo E-Mails und Videokonferenzen zum Alltag gehören. So ergab eine Studie von Bell Communications Research, dass auch Ingenieure und Computerwissenschaftler häufiger mit Kollegen forschen, die sich in ihrer räumlichen Nähe befinden. Und damit ist natürlich nicht gemeint, dass die betreffenden Wissenschaftler zum gleichen Team gehören. Bell Research hat den Sachverhalt so beschrieben: Besuchen Sie einen Wissenschaftler an seinem Schreibtisch und gehen ein Stück den Flur hinunter, so besteht eine Wahrscheinlichkeit von 10,3 Prozent, dass Sie jemanden treffen, mit dem dieser Wissenschaftler zusammenarbeitet. Gehen Sie weiter und weiter, aber bleiben Sie auf der gleichen Etage, fällt die Chance auf 1,9 Prozent. Wechseln Sie das Stockwerk, nimmt die Wahrscheinlichkeit noch einmal dramatisch ab.

Die Entdeckung der Allen-Kurve

Eine schlüssige Erklärung für dieses Phänomen liefert die sogenannte „Allen-Kurve", benannt nach dem MIT-Professor Thomas J. Allen. In den späten Siebzigerjahren hatte Allen das Kommunikationsverhalten von Ingenieuren untersucht. Dabei hatte er einen unerwartet starken Zusammenhang zwischen räumlicher Nähe und Kommunikationswahrscheinlichkeit festgestellt.

Je weiter das Büro eines Kollegen entfernt war, umso weniger wahrscheinlich war es, dass die beiden miteinander kommunizierten. Trägt man die Daten in ein Koordinatensystem ein, ergibt sich eine stark abfallende Kurve. Das heißt, auf den ersten 20 Metern zählt gewissermaßen jeder Meter Distanz. Nach 50 Metern ist die Asymptote erreicht. Das heißt: Ob Ihr Büro 50 Meter oder 500 Kilometer von meinem entfernt ist, darauf kommt es dann auch nicht mehr an. Es hat keinen nennenswerten Einfluss auf die Wahrscheinlichkeit, dass wir miteinander kommunizieren. Wir tun es, wenn überhaupt, dann nur sporadisch.

Die Allen-Kurve 2.0

Heute, da wir rund um die Uhr online sind und viele Mitmenschen lieber einen Freund verlieren würden als ihr Handy, scheint die Allen-Kurve nicht mehr ganz aktuell. Und doch bestätigen neuere Forschungen im Wesentlichen den Effekt, zumindest was Techniker, Entwickler und Ingenieure betrifft. Bei ihnen gilt die 50-Meter-Grenze noch immer. Was aber noch erstaunlicher ist: Telefon und E-Mail dämpfen die Allen-Kurve nicht etwa. Wer „näher dran" ist, mit dem wird sogar mehr telefoniert und mehr gemailt! Drei Befunde fügt Allen hinzu:

- Wir unterscheiden nicht zwischen Leuten, mit denen wir telefonieren, und Leuten, mit denen wir persönlich sprechen. Vielmehr kommunizieren wir mit den Leuten, mit denen wir uns intensiv austauschen, über alle Kommunikationskanäle.

- Telefon und E-Mail werden von den Ingenieuren und Entwicklern dann genutzt, wenn Informationen von geringer Komplexität ausgetauscht werden. Komplexe oder abstrakte Sachverhalte besprechen sie nach Möglichkeit von Angesicht zu Angesicht. Sogar wenn die betreffende Person an einem anderen Standort arbeitet, zu dem man hinreisen muss.

- Manager nutzen weit häufiger Telefon und E-Mail als Ingenieure und Wissenschaftler. Daher neigen sie zu der Ansicht, auch alle anderen könnten ihre Informationen auf diesem Wege austauschen. Ihnen fehlt oft das Verständnis, wie viel davon abhängt, dass man sich persönlich austauschen kann.

Wohlverstanden: Allen behauptet keineswegs, dass Zusammenarbeit über große Distanzen nicht möglich ist. Er beschreibt vielmehr eine bestehende Tendenz, für die es gute Gründe gibt. Wir halten uns einfach sehr viel stärker an diejenigen, die wir jeden Tag vor der Nase haben – und genau das kann auch zum Problem werden.

Der Feind in meinem Büro

Manchmal mag man es kaum glauben, aber es ist vielfach Realität: Vernünftige erwachsene Menschen machen sich gegenseitig das Leben schwer, die eine ärgert den anderen, der andere rächt sich an einer Dritten und ein Vierter kann sich kaum beherrschen, wenn er einen Fünften überhaupt nur zu Gesicht bekommt. Gründe gibt es viele: Neid, ein Konflikt, der irgendwann aus dem Ruder gelaufen ist, Konkurrenzdenken, Langeweile, Stress, Rache, umgeleitete Aggression oder auch pure Abneigung. Manche Menschen können einfach nicht miteinander.

Über diese peinliche Tatsache wird meist der Mantel des Schweigens gebreitet. Führungskräfte ignorieren solche Spannungen oder sie reagieren verständnislos bis verärgert. „Macht das unter euch aus, rauft euch zusammen", lautet die Botschaft. Man will nicht begreifen, wieso die Kollegen nicht an einem Strang ziehen, da hätten doch beide Seiten etwas davon.

Das mag stimmen, aber Menschen sind nun einmal komplizierter, als es die Betriebswirtschaftslehre erlaubt. Manchmal hilft klassisches Konfliktmanagement, ein klärendes Gespräch beim Psychologen oder ein Workshop mit dem ganzen Team. Manchmal hilft alles nichts: Auch wenn man gemeinsam durchs Feuer läuft, die Abneigung bleibt – oder sie kommt wieder. Spätestens wenn die eine den anderen im Büroalltag wieder vor der Nase hat.

Leistungsfähig nur mit guten Kollegen

Wenn Mitarbeiter gegeneinander arbeiten, hat das weit reichende Folgen: Die Produktivität sinkt, die Qualität der Arbeit leidet, die allgemeine Stimmung verschlechtert sich. Und die Kunden verlieren das Vertrauen, wenn sie merken, dass die Angehörigen des Unternehmens zerstritten sind. Die Mitarbeiter wissen, wie viel von einem guten Verhältnis zu den Kollegen abhängt. In einer Forsa-Umfrage vom Juli 2011 nannten sie diesen Faktor als wichtigsten Einfluss auf ihre Leistungsfähigkeit.

Unverträgliche Pflanzen nicht in ein Beet

Als Führungskraft können Sie einiges tun, damit das Betriebsklima gut bleibt oder sich verbessert. Sie setzen Ihre Leute nicht unter Stress, sondern lassen sie etwas Sinnvolles und Forderndes tun, nach Möglichkeit gemeinsam. Sie achten auf den Umgangston und lassen es nicht zu, dass Kollegen verächtlich gemacht oder „witzig" durch den Dreck gezogen werden.

Aber auf eines haben Sie keinen Einfluss: Dass sich bestimmte Menschen einfach nicht leiden können. Die Abneigung kann mitunter abstruse Ausmaße annehmen – und sie wächst, wenn die beiden Mitarbeiter Tag für Tag ihre gegenseitige Aversion neu aufladen können, weil sie womöglich noch im selben Büro arbeiten.

Unfreiwillige Halbtagskräfte

In der Regionalredaktion einer Tageszeitung arbeiteten in den Neunzigerjahren zwei Journalisten, die sich nicht ausstehen konnten und jeden Morgen in lautstarken Streit gerieten. Erst nach dem Mittagessen konnten sie daran gehen, ihre Artikel zu schreiben. Mindestens einer von ihnen mit mordsmäßiger Wut im Bauch.

In solchen Fällen hilft nur die alte Gärtnerregel weiter, nach der man unverträgliche Pflanzen nicht in einem Beet unterbringen darf. Spüren Sie eine solche tiefsitzende Abneigung zwischen zwei Mitarbeitern, dann halten Sie die beiden möglichst getrennt. Und wenn die beiden am gleichen Projekt mitarbeiten, dann sorgen Sie dafür, dass sie sich nicht allzu häufig begegnen – und schon gar nicht im selben Büro sitzen.

Lassen Sie die Kontrahenten sich aus dem Weg gehen

Interessanterweise lassen sich manche Spannungen bereits spürbar entschärfen, wenn sich die Betreffenden seltener über den Weg laufen. Einmal eine Stunde pro Woche kann man sich schon eher einmal zusammenreißen, nicht jedoch acht Stunden pro Tag. Manche ehemaligen Streithähne arbeiten plötzlich sogar ganz gut zusammen – weil sie sich aus dem Weg gehen können.

Trennen und Mischen: Rückzug und Austausch

Kehren wir noch einmal in den Klostergarten zurück, zu den Beeten von Sankt Gallen und zur Mischkultur, zu den Klosterzellen und zum Kreuzgang. Mitarbeiter brauchen beides: Einen Ort, an dem sie im Unternehmen verwurzelt sind, an den sie sich zurückziehen können und an dem sie sich geborgen fühlen, und einen Ort, an dem sie sich mit anderen austauschen – und zwar mit denen, die für ihre Arbeit befruchtend sind, und das können ziemlich viele sein, wie wir sehen werden.

Rückzugsorte für konzentriertes Arbeiten

Kaum etwas kennzeichnet den Büroalltag im 21. Jahrhundert so sehr wie die ständigen Unterbrechungen. Dabei ist eigentlich bekannt, wie schädlich es ist, wenn wir immer wieder aus unseren Aufgaben herausgerissen werden. Es dauert nämlich gut zwanzig Minuten, bis wir wieder konzentriert bei der Sache sind. Auf diese Weise werden manche Tage in so kleine Portionen geschnitten, dass gar nichts Produktives mehr herauskommt und wir uns dennoch wie gerädert fühlen.

Umgekehrt heißt das: An einem Ort, an dem wir ungestört arbeiten können, nimmt die Chance dramatisch zu, dass wir etwas Gutes zuwege bringen. Vor allem, wenn wir diesen Ort als *unseren* Ort betrachten, an dem wir nach unseren Vorstellungen werkeln dürfen – eine Werkstatt für geistiges Arbeiten sozusagen.

Einzel-, Zweier-, Dreierbüros
Sogar wenn es möglich wäre, würde sich nicht jeder in ein Einzelbüro zurückziehen wollen. Wenn man harmoniert, haben Zweier- und Dreierbüros manche Vorteile. Man kann sich spontan austauschen und arbeitet oftmals disziplinierter, weil die Kollegen ja mitbekommen, wenn man sich ein ausgedehntes Päuschen genehmigt. Allerdings ist das eine Frage des persönlichen Arbeitsstils. Gerade hochqualifizierte Mitarbeiter bevorzugen nicht selten die Einzelzelle, weil sie nur dort ungestört nachdenken können.

Schwellen und Passagen für den Austausch
In jedem Fall aber brauchen Mitarbeiter den intensiven Austausch untereinander, sonst verkümmern sie. Daher ist die Kombination von Rückzugsort und Gemeinschaftsort nach dem Vorbild der Klöster nahezu unschlagbar. Der bereits erwähnte Thomas J. Allen hat sich mit dem deutschen Architekten Gunter Henn zusammengetan, um einige Ideen zu entwickeln, wie Firmengebäude zu gestalten sind, in denen hochqualifizierte Mitarbeiter innovative Produkte entwickeln sollen.

Wo befinden sich die Gravitationszentren in Ihrem Unternehmen?
Allen und Henn stellen fest, dass die wenigsten Mitarbeiter im Laufe des Tages hinter ihrem Schreibtisch kleben bleiben. Vielmehr suchen sie verschiedene Orte auf: Sie gehen zum Kopierer, in die Kantine oder die Teeküche, sie begeben sich in einen Konferenzraum, zum Getränkeautomaten, vielleicht gibt es eine Ruhezone zum Entspannen, einen Fitnessbereich oder eine Bibliothek. Wo immer sich mehrere Menschen über einen längeren Zeitraum aufhalten, entsteht ein Gravitationszentrum.
Diese Gravitationszentren lassen sich so im Unternehmen anordnen, dass die Mitarbeiter auch Kollegen begegnen, die sie sonst gar nicht zu Gesicht bekommen. Die Wahrscheinlichkeit, dass sie miteinander ins Gespräch kommen, nimmt dramatisch zu. Auf diese Weise lassen sich vor allem die

inspirierenden Kontakte fördern, die kreative Mitarbeiter in besonderem Maße benötigen.

Der Hirnforscher Ernst Pöppel bestätigt diesen Befund. In seinem Buch „Der Rahmen" beschreibt er, wie befruchtend für ihn gerade die Gespräche zwischen Tür und Angel sind. Sie sind ungezwungener, häufig ungeplant und ohne klare Absicht, was sich günstig auf die Ideenproduktion auswirkt. Zudem finden sie räumlich in einem Zwischenbereich statt, der sich keinem „Revier" oder keinem klar definierten Zweck (wie das Besprechungszimmer) zuordnen lässt. Man befindet sich nur halb im Büro des Kollegen, mit einem Fuß schon im Flur, oder im Hinausgehen fällt einem noch etwas ein, auf der Schwelle bleibt man stehen, dreht sich um und äußert seinen Einfall.

Auch zufällige Begegnungen bringen Sie auf neue Gedanken: Sie sehen eine bestimmte Person – und mit einem Mal wird ein ganzes Netzwerk an Assoziationen in Gang gesetzt. Womöglich befindet sich eine darunter, an die Sie anknüpfen können. Sie tauschen sich mit der betreffenden Person aus und bekommen neue Anregungen. Oder Sie geraten rein zufällig ins Gespräch und entdecken einen interessanten Anknüpfungspunkt.

Schließlich haben auch die Wege, die wir zurücklegen, eine Bedeutung, die wir nicht unterschätzen sollten. Nicht immer sind die kurzen Wege auch die besseren Wege. Wer in seiner Organisation die dritte Etage in Trakt H nie verlässt, der nimmt seine Organisation buchstäblich nur aus dieser eingeschränkten Perspektive wahr. Zu den übrigen Abteilungen hat er nur ein abstraktes Verhältnis; er kann sie nicht richtig verorten, wenn er nicht einmal den Flur dort betreten hat. Zugleich aber ist auch das Gehen selbst häufig sehr anregend. Viele sehr produktive Menschen wie der erwähnte Hirnforscher Ernst Pöppel schwören auf das Gehen; sie müssen sich immer wieder in Bewegung setzen, um auf neue Gedanken zu kommen – ob im Gespräch mit anderen oder auch allein.

Lassen Sie Ihre Mitarbeiter umherschweifen

Nicht nur die besten Ideen entstehen ungeplant. Auch wegweisende Projekte kommen in Gang, weil jemand zufällig eine Bemerkung aufschnappt, ein anderer sich einmischt oder man aus einer Laune heraus, vor sich „hinspinnt" und plötzlich feststellt, dass die Sache Hand und Fuß bekommt. Natürlich entsteht nicht in jeder Kaffeepause eine bahnbrechende Innovation. Aber Unternehmen, die ihren Mitarbeitern ausreichend Raum lassen, umherzuschweifen und sich zwanglos auszutauschen, werden mehr und vor allem auch bessere Ideen ernten als jene, die für ihre Belegschaft die erwähnte „Käfighaltung" vorsehen. Mitarbeiter brauchen „Auslauf".

Der unvermeidliche Flurfunk

In Teeküchen, Kantinen und Bürofluren werden aber nicht nur neue Ideen ausgebrütet, es werden auch Neuigkeiten ausgetauscht, Gerüchte weitererzählt und Privates. Mit einem unschönen Wort, das aber das Gemeinte ziemlich gut beschreibt: Es wird getratscht.

Nicht wenige Führungskräfte halten Tratsch für eine schlimme Erscheinung, die man unterbinden müsse, in der vollkommen zutreffenden Meinung, dass (a) wer tratscht, nicht arbeitet, und (b) sie selbst durchaus auch einmal Gegenstand des Tratsches sind. Und wer will schon, dass über ihn getratscht wird?

Dennoch sagen uns die Organisationsforscher: Tratschen ist gesund. Zumindest wenn es nicht im Übermaß betrieben wird (aber im Übermaß ist sogar Rückentraining schädlich). Wer sich über seine Kollegen austauscht und sich dafür interessiert, was es so an Neuigkeiten gibt, der fühlt sich zugehörig – und er fühlt sich wohl.

Natürlich gibt es auch bösartige Gerüchte, geschmacklose Scherze und Verleumdungen. Das ist die unschöne Kehrseite, die sich aber gerade nicht in den Griff bekommen lässt, wenn man versucht, die Mitarbeiter am Tratschen zu hindern. Im Gegenteil, in einem Klima, in dem die Vorgesetzten den Austausch der Mitarbeiter unterbinden, gedeihen die wildesten Gerüchte besonders gut – und die Vorgesetzten bekommen nicht einmal etwas davon mit. Umgekehrt lassen sich Gerüchte am besten entkräften, wenn man den Austausch zulässt. Nicht selten fallen dann die Gerüchte auf diejenigen zurück, die sie weitererzählen.

Abteilungen mischen

Thomas Allen und Gunter Henn machen auf einen weiteren interessanten Aspekt aufmerksam: Verlagert man einige Büros der Abteilung in ein anderes Stockwerk oder gar in ein anderes Gebäude, geht der Austausch zwischen ihnen und den übrigen Büros spürbar zurück. Das ist wenig überraschend.

Stellen wir uns aber vor, in dem betreffenden Stockwerk befinden sich noch die Büros einer anderen Abteilung. Dann geschieht etwas Bemerkenswertes: Einmal nimmt der Austausch zwischen den verlagerten Büros und ihren neuen Nachbarn zu (die wie erwähnt einer anderen Abteilung angehören). Zugleich nimmt aber auch der Austausch zwischen den Stammbüros und den Kollegen der anderen Abteilung zu.

Gemischte Redaktionen

Im Funkhaus wird der Platz für die Nachrichtenredaktion zu eng: Drei Büros ziehen vom vierten in den sechsten Stock neben die Kulturredaktion. Die Redakteure, die im sechsten Stock arbeiten, sind von ihrer Stammredaktion ein wenig abgeschnitten und bekommen manches nicht mehr mit. Doch kommen sie mit den Kollegen von der Kulturredaktion häufiger ins Gespräch, mit denen sie früher gar nichts zu tun hatten. Aber auch die Nachrichtenredakteure aus dem vierten Stock bauen allmählich bescheidene Kontakte zur Kulturredaktion auf, die vorher nicht bestanden. Denn hin und wieder sind sie bei ihren Kollegen im sechsten Stock. Und die haben einen guten Draht zu den Kulturredakteuren, sodass sich die neuen Kontakte zwanglos ergeben.

Noch interessanter wird es, wenn sich die Abteilungen mischen. Um bei dem eben erwähnten Beispiel zu bleiben: Wenn die Kulturredaktion ihrerseits ein paar Büros im vierten Stock bezieht, wird noch stärker über die Ressort- oder Abteilungsgrenzen hinweg kommuniziert. Dabei ist natürlich immer abzuwägen, welche Büros wohin verlagert werden, denn die verlagerten Büros zahlen den Preis, dass sie nicht mehr so gut in ihre Abteilung eingebunden sind.

Gemeinsame Gravitationszentren

Nicht in jedem Fall ist es also eine gute Lösung, einzelne Büros auszulagern oder zu mischen, zumal es eine Alternative gibt: Wenn sich die Mitarbeiter an anderen Orten begegnen, den bereits erwähnten „Gravitationszentren", kann ein ähnlicher Effekt eintreten. Voraussetzung ist aber, dass dieses Gravitationszentrum nicht wieder in einzelne Abteilungen zerfällt. So findet in den meisten Kantinen gar keine Durchmischung statt, weil sich die Kollegen an ihren angestammten Tischen wieder zusammenfinden.

Wirksamer ist es da, wenn die Abteilungen die „Gravitationszentren" nicht gruppenweise beschicken, sondern jeder Einzelne sich dort hinbegeben kann. Deshalb mischen sich die Mitarbeiter eher in einer gemeinsamen Teeküche, im Fitnessraum, in der Lounge, am Kopierer oder am gemeinsamen Drucker, wobei dort die Stimmung nicht immer die entspannteste ist, was einen Austausch eher verhindert.

Deshalb würde sich natürlich auch ein gemeinsamer Garten in hohem Maße als Gravitationszentrum eignen. Hier kämen mehrere Faktoren zusammen: Ein Garten ist anregend und entspannend zugleich. Die nötigen Sitzgelegenheiten vorausgesetzt, kann man dort ausruhen, aber auch umhergehen. In einem Garten kann man schweigen, aber auch angeregte Gespräche führen, ohne jemanden zu stören. Ein Garten ist der ideale Ort, um Distanz zu der konzentrierten Arbeit im Büro zu bekommen.

Begegnungen im Kreuzgang

In gewisser Weise machen es uns die Klöster vor: Der Kreuzgang ist der Ort der Begegnung. Er ist ein Wandelgang mit Arkaden, durch die man häufig auf einen Garten blickt, in den man auch hinaustreten kann. In dessen Mitte befindet sich typischerweise ein Brunnen oder eine Zisterne, in der das Regenwasser aufgefangen wird.

Die kleine Lösung

Nun muss man nicht gleich das gesamte Unternehmen architektonisch umgestalten. Dazu gibt es ohnehin nur selten Gelegenheit. Doch was im Großen gilt, das trifft auch im kleinen Maßstab zu. Sie können schon viel erreichen, wenn Sie in Ihrer Abteilung die Mitarbeiter richtig anpflanzen. Etwa wenn Sie die folgenden Grundsätze beherzigen:

- Jeder Mitarbeiter braucht zwei Orte: Einen, an dem er konzentriert arbeiten kann und der im Wesentlichen „sein Revier" ist. Und einen, an dem er sich mit anderen austauschen kann, ein Ort der Begegnung.

- Großraumbüros lassen sich entschärfen, wenn sie großzügig gestaltet sind und Nischen bilden. Alles, was Lärm dämpft, ist willkommen.

- Zwar brauchen Mitarbeiter ihren festen Ort, doch ein gelegentlicher „Revierwechsel" kann durchaus belebend wirken. Womöglich auch mit neuen „Nachbarn".

- Mitarbeiter, zwischen denen es dauerhaft Spannungen gibt, sollte man räumlich trennen.

- Orte, an denen man sich zwanglos zusammenfinden kann, sind sehr hilfreich. Diese Orte sollten von allen Mitarbeitern ähnlich gut zu erreichen sein.

- Ruhezonen sind gut, um zu entspannen, aber kein Ort der Begegnung, denn dort muss man reden dürfen, ohne jemanden zu stören.

- Mitarbeiter brauchen Auslauf. Sie sollten die Möglichkeit haben, immer wieder einmal ihren Schreibtisch zu verlassen. Das wirkt auch stressreduzierend.

Gartengespräch mit Oliver Gassmann

Oliver Gassmann verdanke ich den Hinweis auf Thomas J. Allen und Gunter Henn. Mit Klostergärten hat er direkt nichts zu tun. Aber er ist Professor für Technologie- und Innovationsmanagement an der Universität Sankt Gallen, dem Ort, für den die „ideale Klosteranlage" (→ S. 85) gedacht war. Außerdem ist Gassmann Vorsitzender der Direktion des dortigen Instituts für Technologiemanagement. Seine Forschung beschäftigt sich mit Erfolgsfaktoren für Innovation, insbesondere Open Innovation und globale Innovationsprozesse. Darüber hinaus berät er zahlreiche multinationale Unternehmen. International gehört Gassmann zu den zehn am meisten zitierten Managementforschern.

Herr Professor Gassmann, welche Beziehung haben Sie zu Gärten?
Gassmann: „Ich genieße den Garten als eine Oase der Ruhe, aber auch als ein Ort der Familie."

Welche Art von Garten gefällt Ihnen besonders? Und warum?
Gassmann: „Wilde Gärten in Kombination mit geraden Linien sind spannend. Die Ästhetik von Gegensätzen finde ich reizvoll."

Worauf sollten Führungskräfte achten, wenn sie Innovationen fördern wollen?
Gassmann: „Kreativität und Fehlertoleranz in der Frühphase sollten sie verbinden mit Disziplin und Umsetzungsorientierung in der Spätphase von Innovation."

Was zeichnet Innovationen aus, im Unterschied zu Neuentwicklungen, Erfindungen?
Gassmann: „Innovation ist, wenn der Markt 'Hurra' schreit. Dies muss nicht Teflon als Weltneuheit sein.

Inwieweit lassen sich Innovationen überhaupt planen?
Gassmann: „Innovation lässt sich gut planen, aber die Pläne lassen sich nie einhalten. Die Machbarkeitsutopie gelangt bei Innovationen an ihre Grenzen."

Wie wichtig ist beim Innovationsprozess die räumliche Dimension?

Gassmann: „Räume sind lange vernachlässigte Einflussfaktoren auf Innovation. Die Gestaltung von Räumen hängt direkt mit der Wahrscheinlichkeit und Qualität von informeller Kommunikation und damit Innovation zusammen. Räume können sich aber auch stark auf die individuelle Kreativität auswirken: Orte der Inspiration sind jedoch sehr persönlich und kaum generalisierbar."

Wie sollten Arbeitsplätze aussehen, damit sie Innovationen begünstigen?

Gassmann: „Einfach und individuell."

Welche Rolle spielen Projektteams?

Gassmann: „Zelte statt Paläste werden immer wichtiger in heutigen Organisationen."

Wie sollten diese Projektteams organisiert sein? Wie lange sollten sie zusammen bleiben?

Gassmann: „Projektteams haben immer ein Ziel und ein Verfallsdatum."

Ist es sinnvoll, sie immer wieder mit neuen Mitgliedern aufzufrischen? Oder sollte man sie besser auflösen und neue Teams bilden?

Gassmann: „Teams müssen konstant bleiben, wenn das Erfahrungswissen eine große Rolle spielt. Es kann sich aber auch anbieten, frischen Wind durch neue Köpfe zu provozieren."

Braucht eine Organisation auch Gegenkräfte, die Innovationen verlangsamen, kritisch prüfen, ja aufhalten? Wie sollten diese Gegenkräfte beschaffen sein?

Gassmann: „Der Bedenkenträger hat eine wichtige Rolle bei Innovationen, zum Beispiel in jungen Start-ups, welche sonst immer mit dem Kopf durch die Wand gehen. Generell gibt es aber zu viele Bedenkenträger. Bei innovativen Vorhaben haben sie ja neun von zehn Mal Recht."

Glauben Sie, dass evolutionäres Denken dem Innovationsprozess förderlich ist? Oder ist es wichtig, sich von allem, was vorher da gewesen ist, gedanklich zu lösen, also einen radikalen Schnitt zu machen?

Gassmann: „Dies lässt sich nicht verallgemeinern. Bei großen Schritten muss man den Anker weit werfen."

Bei den Pflanzen ist die Wurzel das zentrale Organ, wo Signale verarbeitet und Hormone hergestellt werden. Manche sprechen vom „Gehirn" der Pflanze. Ganz assoziativ gedacht: Welche Bedeutung haben Wurzeln im Innovationsprozess?

Gassmann: „Kernkompetenzen sind die Wurzeln eines Unternehmens. Wächst die Innovation zu weit davon entfernt, sinkt die Erfolgswahrscheinlichkeit."

Manche Firmen arbeiten mit Open Innovation, also lassen ihre Kunden und Mitarbeiter Vorschläge entwickeln. Wie schätzen Sie die Bedeutung von Open Innovation ein? Ist das ein Modell mit Zukunft?

Gassmann: „Open Innovation ist *das* Zukunftsmodell in zahlreichen Branchen. Nach zehn Jahren Forschung sehen wir aber auch die Grenzen des Modells."

Welche wären das?

Gassmann: „Open Innovation hat dort seine Grenzen, wo es dem Unternehmen nicht gelingt, die geschaffenen Werte auch zu schützen. „Create value & capture value" lautet die Devise. Werte schaffen und Werte schützen, könnte man frei übersetzen. Gelingt es dem Unternehmen nicht, einen Teil des neu angelegten Gartens auch für sich zu nutzen, da *alle* Nutzer und Wettbewerber die Äpfel vom Baum nehmen, bleibt wenig für den eigenen Apfelkuchen übrig. Es gibt Bereiche, in denen es weiterhin Sinn macht, unter hoher Geheimhaltung oder mit umfassendem Patentschutz zu arbeiten. Zum Beispiel wenn sich das Geschäftsmodell nicht durch Kundenbindung, starke Marken, eigenen Vertriebskanal oder ähnliche Maßnahmen schützen lässt.

Generell können wir jedoch aus unserer Forschung der letzten zehn Jahre zu Open Innovation mit der Industrie sagen, dass die meisten Branchen eher noch Bedarf haben, sich zu öffnen. Offene Mindsets fehlen immer noch zu oft. Nicht nur in den Großunternehmen, sondern gerade bei den kleinen und mittleren Unternehmen, die aus Angst häufig zu sehr den Alleingang bevorzugen – und das trotz ihrer begrenzten Ressourcen."

Im Senkgarten: Individualität schützen

„Unkraut nennt man die Pflanzen, deren Vorzüge noch nicht erkannt worden sind." – Ralph Waldo Emerson.

Was um alles in der Welt ist ein Senkgarten? Der berühmteste befindet sich in Potsdam-Bornim. Angelegt hat ihn vor knapp hundert Jahren der bereits erwähnte Karl Foerster, bis heute einer der einflussreichsten deutschen Gärtner und Pflanzenzüchter. Den gut 1.100 Quadratmeter großen Bornimer Senkgarten kann man seit der Bundesgartenschau 2001 wieder in seiner ganzen Schönheit und Raffinesse besichtigen. Andere Senkgärten haben deutlich kleinere Ausmaße, denn einer seiner Vorzüge besteht eben darin: Viel Garten auf wenig Raum. Oder sagen wir besser: gärtnerische Vielfalt, denn hier gedeihen die unterschiedlichsten Pflanzen. „Diversity", hier wird sie uns vorgelebt.

Keine Angst vor „Überfremdung"

Man darf bei dieser Gelegenheit ruhig einmal daran erinnern, dass sich Karl Foerster im Dritten Reich nicht vereinnahmen ließ. Er beschäftigte jüdische Freunde der Familie, einer seiner Mitarbeiter hatte der KPD angehört; und er selbst widersetzte sich Forderungen, ausschließlich „heimische" Pflanzen zu züchten. Er erinnerte daran: „In unseren Bauerngärten wachsen Stauden aus chinesischen Alpenwiesen und amerikanischen Prärien, nämlich Tränendes Herz und Phlox, bodenständige Embleme unseres Heimatgefühls." Für „Heimatpuritaner und ihre Überfremdungsängste" habe er nur ein „Lächeln" übrig und empfinde sie als „entwurzelte Leute".

Der Name lässt es schon vermuten: Ein Senkgarten ist eine große Mulde, die nicht allzu steil zur Mitte hin abfällt, wodurch sich Beete in unterschiedlicher Höhe ergeben. In den Worten von Karl Foerster: „Teils aus Windschutzgründen, teils aus Beschaulichkeit versenkt man in der Nähe des Hauses einen kleineren Platz, der ringsherum in kleineren Steingartenterrassen wieder zu normaler Gartenhöhe aufsteigt und manchmal auch ein Ufer- und Wassergärtchen enthält."

Der klassische Senkgarten ist rechteckig und symmetrisch angelegt. Diese strenge Architektur soll einen reizvollen Kontrast zu der überbordenden Fülle der Pflanzen bilden. Es gibt kleine Treppen, Trittplatten, niedrige Mäuerchen, aus denen Pflanzen wuchern. Im Zentrum befindet sich ein kleiner Teich oder eine streng gefasste Rasenfläche mit Sitzgelegenheit – je nachdem, ob man auf den Mittelpunkt des Gartens schauen möchte oder sich selbst dorthin begeben will, um von dort den Garten in den Blick zu nehmen. Im ersten Fall schaut man in den Garten hinein, im zweiten Fall geht der Blick auch über den Garten hinaus.

Innenwelt und Außenwelt

Ein besonderer Reiz des Senkgartens liegt darin, dass wir ihn ganz unterschiedlich wahrnehmen – je nachdem, ob wir uns in dem Garten oder außerhalb befinden. Nun gibt es einen solchen Unterschied zwar bei jedem Garten, aber hier hat er eine besondere Qualität.

„Von außerhalb des Senkgartens ist man Beobachter, von drinnen ist man Akteur, Teil der Blumen, der Farben, des Duftes sowie der Geräusche von Wasser", schreibt die Gartenarchitektin Gabriella Pape, die selbst einen ambitionierten Senkgarten entworfen hat für die bereits erwähnte Chelsea Flower Show in London, dem „Ascot ohne Hüte" (➔ S. 45), bei dem sie mit ihrem „German Garden" immerhin eine Silver-Gilt-Medaille gewann.

Der Besucher nimmt den Garten schon von außen wahr. Er sieht eine Hecke, eine Mauer, einzelne Pflanzen aus der Mulde herausragen, hört das Plätschern des Wassers. Er macht sich bereits seine Vorstellungen von dem, was ihn erwartet. Aber wenn er eintritt, begibt er sich in eine andere Welt, „mit ganz anderen Empfindungen, als man sie draußen hatte": Man ist mit einem Mal abgeschirmt vom Außen und befindet sich auf einer „eingesenkten Insel", wie Pape es nennt.

Wenn wir Pape weiter folgen, so liegt das Faszinierende eben darin, dass wir mit dem Eintritt in den Senkgarten selbst Teil dieses Gartens werden. Wir bewegen uns jetzt durch diesen Innenraum und gehören dazu.

Kraft von innen

Je nachdem, ob sie nach innen oder nach außen gerichtet sind, unterscheidet Gabriella Pape zwischen extrovertierten und introvertierten Gärten. Damit sind nicht etwa Eigenschaften des Gärtners oder der Besitzer gemeint, die entweder weltoffen oder in sich gekehrt sind. Vielmehr muss ein „introvertierter" Garten in sich die ganze Spannung halten; seine Kraft kommt von innen heraus. Er macht keine Anleihen aus der Umgebung, die er einbezieht, wie die Bäume in Nachbars Garten oder den Blick ins Tal. Demnach hat ein Senkgarten einen eher „introvertierten" Charakter. Darin liegen auch seine Schönheit und seine Kraft, uns zu vereinnahmen.

Ein geschützter Lebensraum

Für zahlreiche sensible Gewächse bietet der Senkgarten günstige Lebensbedingungen. Durch seine ganz eigene Struktur herrscht in ihm ein milderes Mikroklima als außenherum: Die Pflanzen sind windgeschützt und bekommen durch die Steinmauern mehr Wärme. Vor allem in seinen tieferen Regionen hält sich die Feuchtigkeit besser und es herrscht nicht so schnell Bodenfrost. Daher lassen sich hier auch kälteempfindliche Pflanzen ziehen, die auf planerem Gelände erfrieren würden.

Genau darin liegt eine besondere Genugtuung für den Gärtner. Denn hier zeigt sich, dass er ein guter Gärtner ist: In seiner Obhut gedeihen sogar Gewächse, die eigentlich viel zu empfindlich sind für die vorherrschenden Witterungsverhältnisse. Wer möchte, dass die zarten Pflänzchen treiben, darf sie nicht nur düngen und gießen, sie also versorgen, er muss ihnen vor allem auch einen geschützten Lebensraum verschaffen. Dazu gehört nicht nur der Schutz vor Frost, sondern auch vor anderen Pflanzen, womit wir bei einem Thema wären, mit dem wir uns in diesem Kapitel noch beschäftigen werden.

Windstille Senken in Unternehmen

Die Vorstellung scheint etwas unzeitgemäß, denn Führungskräfte sollen ihre Mitarbeiter ja möglichst in Unruhe versetzen, in produktive Unruhe zwar, aber doch immerhin ist eher das „Wind machen" gefragt als der Windschutz. Wenn am Ende dabei auch nicht mehr Produktives herauskommt, so war das eben nicht zu ändern. Wir haben uns bemüht, zerrissen, gemeinsam und gegenseitig – mehr kann man nicht erwarten. Kurz gesagt, jemand, der seine Mitarbeiter „antreibt", gilt als der bessere Vorgesetzte im Vergleich zu seinem Kollegen, der seine Leute abschirmt und in ihrer Senke wohlleben lässt.

Dahinter steckt die Sorge, dass Mitarbeiter bequem werden und in ihrer Leistung nachlassen, wenn sie sich allzu sicher fühlen. Was soll man dazu sagen? Ganz falsch ist es ja nicht. Es gibt diese selbstzufriedene Behäbigkeit, die einfallslose Routine, die Borniertheit und auch die Arroganz derer, denen keiner etwas anhaben kann, die sich ihre Machtbastion geschaffen und sich darin eingegraben haben. Dazu gehören nicht nur Mitarbeiter, sondern auch Führungskräfte sowie alle möglichen Experten, auf die wir angewiesen sind und deren Urteil niemand in Frage stellt. Je ungefährdeter sie sind, umso mehr Grund haben wir, ihnen zu misstrauen.

Leichtfertiger Umgang mit Fälschungen

Der Kunsthistoriker Werner Spies galt als unbestrittene Autorität, vor allem was die Werke des Malers Max Ernst betraf, mit dem er einst befreundet war. Vor einigen Jahren wurde er in einen Kunstfälscherskandal verwickelt. Sieben Bildern von Max Ernst hatte er die Echtheit bescheinigt, die sich später als Fälschungen erwiesen. Sie waren recht geschickt gemacht. Deshalb verwiesen die Galeristen und Auktionatoren, die mit den Fälschungen gehandelt hatten, darauf, dass „sogar ein Werner Spies sie für echt befunden hatte." Allerdings geriet Spies in ein schiefes Licht, als sich herausstellte, dass er an der Vermittlung der einen oder anderen Fälschung verdient hatte. Betrügerische Absicht kann man ihm nicht unterstellen, doch ohne Zweifel war er allzu sorglos mit den Bildern umgegangen.

Ein zweites Argument gegen die „windgeschützten Bereiche" kommt hinzu: Die Führungskräfte selbst sind verunsichert und sehen sich großen Schwankungen von Stimmung und Strategie ausgesetzt. Die Großwetterlage ist viel zu turbulent, um windstille Senken zu graben. Man muss genau das Gegenteil tun: Die Organisation so öffnen, dass die rauen Winde des Wandels ungehindert hindurchpfeifen können.

Das klingt zunächst bestechend. Für einen Gärtner ist das Ergebnis jedoch vorhersehbar und alles andere als wünschenswert: In solchen Organisationen können keine empfindlichen Pflanzen mehr wachsen und ihre wunderlichen Blüten treiben. Am besten gedeiht dort winterhartes Gestrüpp.

Es ist also genau andersherum: Wer sensiblere Pflanzen ziehen will, der muss gerade in stürmischen Zeiten eine schützende Mulde mit mildem Mikroklima ausheben. Wenn uns daran gelegen ist, dass sich auch die weniger robusten Gewächse bei uns entfalten, brauchen wir daher gerade jetzt nicht weniger, sondern *mehr* Senkgärten. Denn die zarteren Pflanzen verfügen über Eigenschaften, die wir in unserer Organisation gut gebrauchen können.

Spielwiese statt Machtbastion

Es geht also um die Art der Betriebspflanzen und die Bedingungen, unter denen sie besonders gut gedeihen. Konkret haben wir zwei Sorten im Blick, die sich in frostigem Mikroklima nur schwer behaupten können:

- die kreativen Individualisten,
- die weichherzigen Gemütsmenschen.

Im Fall der kreativen Individualisten scheint es zumindest von der Sache her klar zu sein, dass man sie hätscheln muss. Denn von ihnen stammen bekanntlich all die brillanten Ideen, die das Unternehmen nach vorne bringen. Aber sie haben gegenüber ihren Konkurrenten, die taktisch und machtpolitisch versierter sind, häufig das Nachsehen.

Und es gibt noch ein weiteres Hindernis: Die kreativen Individualisten bringen nicht immer brillante Ideen hervor, sondern auch jede Menge nutzlose. Leider kann man sie zunächst kaum auseinanderhalten, weshalb nicht wenige Vorgesetzte auf Nummer sicher gehen und sämtliche neue Ideen ihrer Mitarbeiter für nutzlos halten. Ja, wenn doch einer von ihnen den neuen iPod erfinden würde, man würde ihn auf Händen tragen. Doch dummerweise kommt niemand mit einer Idee daher, die der Vorgesetzte für den neuen iPod hält ...

Auch die kreativen Individualisten selbst liegen mit ihrer Einschätzung bei Weitem nicht immer richtig: Die einen überschätzen ihre eigenen Ideen völlig, die anderen wiederum übersehen das Potenzial, das darin steckt.

Das ist nicht weiter schlimm, denn es liegt in der Natur der Sache, dass sich oft erst allmählich zeigt, wie viel eine Idee wirklich taugt. Erinnern wir uns an das Gartengespräch mit dem Innovationsexperten Oliver Gassmann: Innovationen lassen sich gut planen, aber die Pläne lassen sich nie einhalten. Das Entscheidende ist, den kreativen Individualisten den geeigneten Boden zu bereiten – und der ist die Spielwiese.

Dinge lustvoll in den Sand setzen

Auf neue Ideen kommen wir nur, wenn wir herumprobieren dürfen. Das bedeutet eben auch, Dinge in den Sand setzen zu dürfen, ohne abgestraft zu werden. Darin liegt eine Lust ganz eigener Art: Wir nehmen uns die Freiheit und probieren das jetzt einfach einmal, auch wenn es schiefgeht. Manchmal sogar gerade wenn wir damit rechnen, dass es scheitert. Denn die Art und Weise, wie das geschieht, eröffnet uns wertvolle Einsichten, die uns verschlossen bleiben, wenn wir nur auf Nummer sicher gehen. „Auch eine Enttäuschung, wenn sie nur gründlich und endgültig ist, bedeutet einen Schritt vorwärts", hat der Physiker Max Planck einmal bemerkt.

Die „mentale Provokation"

Es gibt eine Kreativitätstechnik, die sich dieses Prinzip zunutze macht: Die „mentale Provokation", die Edward de Bono entwickelt hat. Dabei stellen Sie zu Ihrem Thema eine Behauptung auf, die offensichtlich nicht stimmt, die ins Groteske übertrieben ist oder Selbstverständliches bestreitet: „Autos haben viereckige Räder."/ „Eine Kinokarte kostet 100 Euro."/„Der Kellner gibt dem Gast Trinkgeld." Diese Aussagen setzen Überlegungen in Gang, die zu neuen originellen Lösungen führen – die funktionieren.

Es darf aber nicht beim unverbindlichen Herumprobieren bleiben. Kreative Individualisten wollen auf ihrer Spielwiese experimentieren, aber sie wollen auch ernst genommen werden. Daher müssen ihre Ideen die Chance haben, verwirklicht zu werden und Veränderungen in Gang zu setzen. Dazu müssen sie aber von der Spielwiese heruntergeholt werden.

Neue Ideen können in der Nische laufen lernen

Neuerungen lösen oft Skepsis und Widerstand aus. Daher ist es sinnvoll, sie zunächst in einer Nische oder Spielwiese auszuprobieren, wo sie wenig Aufmerksamkeit erregen. Dadurch sammelt man Erfahrungen. Läuft es nicht gut, kann das Projekt ohne Gesichtsverlust beendet werden. Zeichnet sich ein Erfolg ab, kann es in größerem Maßstab verwirklicht werden. Dann ist auch die Skepsis geringer und die Widersacher haben es schwerer, die Neuerung zu verhindern.

Neuerungen von der Spielwiese holen

Kaum etwas beflügelt die Kreativität so stark wie die Aussicht, dass die eigene Idee Wirklichkeit werden kann. Bevor das geschieht, muss sie einen gewissen Reifegrad erreicht haben. Und dann muss sie auf den Prüfstand. Das Stadium der Spielwiese ist abgeschlossen, jetzt wird es ernst. Das ist nicht immer die Stunde der kreativen Individualisten, denn jetzt beginnt die mühevolle Kleinarbeit, das Feinschleifen, Nachjustieren, Ausarbeiten. Je nach Sachlage sind womöglich andere dafür zuständig. In jedem Fall gehört auch das zur Pflege der kreativen Charakterpflanzen: dass man ihre Früchte nicht an den Zweigen verdorren lässt, sondern rechtzeitig aberntet und weiterverarbeitet.

Geben Sie komplizierten Menschen eine Chance

Kreative Individualisten sind nicht immer die einfachsten Zeitgenossen. Manche sind undiplomatisch, manche rechthaberisch und schnell beleidigt, andere verträumt, versponnen, realitätsfremd. Die Kunst besteht darin, ihre Qualitäten zu erkennen und zu fördern, aber gleichzeitig auch mit ihren Grenzen und Schwächen umzugehen. Das erfordert besonderes Fingerspitzengefühl, wenn sie leicht zu kränken sind. Manchmal muss man sie auch davor schützen, dass sie sich in eine fixe Idee verrennen.

Die Sanftmütigen schützen

Um sie geht es fast nie, wenn von Führungsaufgaben die Rede ist. Doch haben gerade sie den besonderen Schutz ihres Vorgesetzten verdient, denn sie wissen sich selbst meist nicht recht zu helfen und werden ausgenutzt, die Gutmütigen, die Arglosen, die Hilfsbereiten. Karriere machen sie im Allgemeinen nicht. Haben sie gute Ideen, dann finden sich meist Kollegen, die sie bereitwillig übernehmen. Sind ihre Leistungen überdurchschnittlich, dann sorgen andere dafür, dass das nicht weiter auffällt.

Aber es geht gar nicht so sehr um ihre Ideen und ihre Leistungen, sondern um ihr freundliches Wesen. Das gilt es zu schützen – unabhängig davon, ob sie die „Hidden Champions" der Abteilung sind oder nicht. Der Grund ist sehr einfach: Sie verbessern das Betriebsklima, in der Gärtnersprache: den Boden, aus dem andere ihre Kraft beziehen.

Natürlich genügt Nettsein allein nicht, aber es ist ein Faktor, den Sie nicht außer Acht lassen sollten. Zumal ein deutliches Signal an all die anderen darin liegt, wenn der Hilfsbereite und Ehrliche einmal nicht der Dumme ist, sondern derjenige, der einen gewissen Schutz genießt.

Klare Strukturen

Doch noch einmal zurück zu den Kreativen. Der Senkgarten kombiniert die überbordende Blütenpracht mit einer strengen Grundstruktur: rechteckiger Grundriss mit symmetrischer Anlage der Wege und Beete. Für das Management von kreativen Individualisten ist er deshalb ein prächtiges Vorbild: Sie können sich nämlich am besten entfalten, wenn ihr Wirken von klaren, einfachen Strukturen eingefasst wird, denn das entlastet sie und gibt ihnen Halt.

Ihr eigenes Tun mag sich eher wildwüchsig gestalten und bisweilen Züge des Chaotischen annehmen. Da sollten Sie sich als Vorgesetzte eher nicht einmischen. Was aber das Drumherum betrifft, so ist eine klare, geradlinige Ordnung von Vorteil – mit präzisen Regeln und Vorgaben, einem zuverlässigen Zeitrahmen und Regelmaß. Alles, was für Übersichtlichkeit und Einfachheit sorgt, ist willkommen.

Tatsächlich fällt es vielen kreativen Individualisten gar nicht so schwer, sich in einen solchen Rahmen einzufügen – sofern man sie in ihrem eigenen Beet nur frei wuchern lässt. Denn ihnen ist vollkommen bewusst, wie stark sie von einem stabilen, verlässlichen Rahmen profitieren.

Auf Sendung mit dem „Zündfunk"

Ein Beispiel, das ich aus nächster Nähe kenne, ist der „Zündfunk", der ehemalige „Jugendfunk" des Bayerischen Rundfunks. Kaum eine andere Redaktion hat im Laufe der Jahre so viele kreative Individualisten beschäftigt und so viele Hörfunk-Preise eingesammelt. Der „Zündfunk" arbeitet genau nach dem erwähnten Prinzip: Seine Mitarbeiter genießen viele Freiheiten, sie dürfen alles Mögliche ausprobieren. Dass sie vom Gewohnten abweichen, wird von ihnen geradezu erwartet. Aber was die Vorbereitung und Organisation der Sendungen betrifft, so herrscht dort ein hohes Maß an Disziplin.

Der richtige Umgang mit Charakterpflanzen

Wir haben es erwähnt, ein Senkgarten ist ein Ausbund an Vielfalt. Doch trifft das auf jeden lebendigen Garten zu. Er ist der bunte Gegenentwurf zu den öden Monokulturen mit ihren hochgezüchteten Einheitsgewächsen. Ein Gärtner muss sich auf jede einzelne Pflanze und ihre Eigenarten einstellen. Und zwar immer in Hinblick auf ihren besonderen Standort, ihre Nachbarn und ihre Wirkung auf den gesamten Garten. Genau das macht den Gärtner ja zum Vorbild für eine bessere Führungskultur.

Und so wollen wir im Folgenden einen Blick auf verschiedene Gewächse mit ausgeprägtem Charakter werfen und ein paar Worte darüber verlieren, wie ein versierter Gärtner mit ihnen umgeht. Dabei handelt es sich nur um eine kleine Auswahl; und die Übertragungen auf das Management sind natürlich nur als Anregung zu verstehen.

Schön, empfindlich und hochgiftig – der Rittersporn

Er darf in keinem Senkgarten fehlen, der Rittersporn mit seinen üppigen blauen Blütenstängeln. Immerhin hat Karl Foerster etliche Sorten davon gezüchtet und auch in seinem berühmten Senkgarten in Potsdam-Bornim setzt der Rittersporn farbliche Akzente. Es gibt ihn aber nicht nur im klassischen Blau, sondern auch in Weiß und in Rosa. Man kann ein üppiges buntes Beet nur mit Rittersporn bepflanzen.

Er hat es gerne sonnig, bevorzugt aber „schattige Füße", wie die Gärtner sagen. Daher kombiniert man ihn gerne mit „Bodendeckern", die verhindern, dass die Erde austrocknet, und die ihm Unkraut und manche Schädlinge vom Pflanzenleib halten. Denn der Rittersporn ist leider recht empfindlich und braucht viel Pflege.

Aber wenn er denn gedeiht, dann kann er eine wahre Pracht entfalten. Bis zu zwei Meter werden manche Sorten hoch. Dabei braucht er mehr Platz als man denkt, denn er kann die Nähe zu seinesgleichen nicht so gut vertragen. Ein Meter Abstand sollte schon sein. Seine Hauptblütezeit ist im Juni und Juli. Schneidet man ihn kurz darauf zurück, gibt es noch eine zweite Blüte im Herbst.

Der Rittersporn ist eine schöne, vielseitige Staudenpflanze, auf die man allerdings Acht geben muss. Nicht nur weil ihr diverse gefräßige Gartentiere und Krankheiten zusetzen können, sondern auch weil alle Pflanzenteile sehr giftig sind. Und noch etwas sollte man wissen: Sie beansprucht den Boden sehr stark. Und sie gedeiht nur dort, wo vorher noch nicht ihresgleichen gewachsen ist. Man muss sich also immer wieder nach einem neuen Standort für sie umschauen.

Rittersporn im Garten des Managements

Solche Mitarbeiter gehören zu den auffälligen Leistungsträgern der Abteilung. Sie sind in der Lage, exzellente Ergebnisse zu vollbringen. Voraussetzung ist allerdings, dass sie die volle Unterstützung ihres Vorgesetzten haben, der ihnen viel Aufmerksamkeit schenken und störende Einflüsse abschirmen muss. Darüber hinaus müssen sie aber auch von einem Kranz verlässlicher Kollegen umgeben sein, die es hinnehmen, dass so ein Rittersporn über sie hinauswächst und die Anerkennung für die vortreffliche Arbeit bekommt.

Ein Rittersporn braucht fordernde Aufgaben und immer wieder neue Impulse. Wenn Sie ihn gleichzeitig von alten Aufgaben entlasten, überrascht er Sie womöglich mit einer zusätzlichen Blüte, weil er seine Kräfte noch einmal voll konzentrieren kann. Ohne Zweifel ist er ein wertvoller, aber keinesfalls pflegeleichter Mitarbeiter. Und er gehört nicht zu den kooperativsten Kollegen, was ihn nicht übermäßig beliebt macht. Daher müssen Sie ihn immer wieder in die Pflicht nehmen, zugleich aber auch seine Kollegen, die ihn unterstützen sollen. Machen Sie sich jedoch keine Illusionen: Ein karrierebewusster Rittersporn bleibt nicht lange auf seiner Position, er möchte vorankommen. Gelingt ihm das nicht, verkümmert er und belastet das Betriebsklima.

Die hilfreichen Bodendecker

Sie heißen Immergrün, Kriechgünsel oder Haselwurz, die niedrigen unscheinbaren Gewächse, die über den Boden einen grünen Blätterteppich ausbreiten, was viele Vorteile bringt: Sie lassen wenig Licht durch und sorgen dafür, dass hier kein Unkraut wuchert. Sie halten das Erdreich feucht und kühl, verhindern Temperaturschwankungen und Austrocknen, außerdem lockern sie den Boden auf. Ihre Wurzeln sind kurz, daher nehmen sie ihren Nachbarn, die tiefer wurzeln, nicht das Wasser weg.

Für viele Pflanzen wie zum Beispiel Rosen sind sie deshalb die idealen Begleiter, die an ihrer Seite besser gedeihen und auch mehr zur Geltung kommen. Zudem entlasten sie den Gärtner, der das mühsame Unkrautjäten reduzieren möchte. Manche Bodendecker nehmen im Herbst die herabgefallenen Blätter von Bäumen auf und fungieren als „Laubschlucker". Kurzum, sie machen den Garten pflegeleicht, grün und lebendig.

Dabei darf nicht in Vergessenheit geraten, dass man sich um die hilfreichen Problemlöser schon ein wenig kümmern muss. Das beginnt mit der Frage, wo sie anzupflanzen sind – denn sie mögen nicht jeden Boden – und in welchem Abstand. Sie sollten nicht zu dicht gesetzt werden, da sie sich sonst überwuchern. Ist hingegen der Abstand zu groß, können sie ihre segensreiche Wirkung nur unzureichend entfalten. Vor allem aber vertragen viele Sorten keinen strengen Frost und brauchen Schatten. Bei anderen liegt das Problem eher darin, dass sie zu viel des Guten tun und stark wuchern.

Bodendecker im Garten des Managements

Sie sind fleißig und zuverlässig, aber eher etwas einfallslos. Sie halten sich lieber im Hintergrund. Von ihnen gehen keine neuen Impulse aus, sie halten sich an das Bewährte und unterstützen diejenigen, die die Richtung vorgeben. Solche Eigenschaften stehen zwar offiziell nicht hoch im Kurs, doch damit tut man ihnen Unrecht. Denn die Bodendecker sind für eine Organisation außerordentlich nützlich: Sie geben ihr Stabilität und einen soliden Unterwuchs. Sie sorgen erst dafür, dass die Arbeit gründlich getan, der Betrieb aufrechterhalten wird und die aufstrebenden Gewächse vorankommen. Auch wenn die Bodendecker selbst keine Ambitionen haben, sind sie keineswegs opportunistische Jasager. Vielmehr bügeln geübte Bodendecker manches stillschweigend aus, was andere erdacht haben, was dann aber in der Praxis doch nicht so glatt funktioniert.

Als Führungskraft darf man die Bodendecker auf keinen Fall unterschätzen. Vielmehr sollten Sie ihre Stärken nutzen und ihre Zuverlässigkeit und Loyalität anerkennen. Wer seine Bodendecker pflegt, wird an ihnen viel Freude haben und staunen, was an Fähigkeiten in ihnen steckt. Aber Sie dürfen einen bewährten Bodendecker nicht zur Leitpflanze machen, damit wäre er überfordert. Daher brauchen Sie immer auch aufstrebende Gewächse, an denen sich die Bodendecker orientieren und denen sie zuarbeiten. Eine Abteilung, die ausschließlich aus Bodendeckern besteht, bleibt im Mittelmaß stecken. Auch müssen Sie verhindern, dass die Bodendecker alles überwuchern und ambitioniertere Gewächse an den Rand drängen.

Wermutkraut – der bittere Sonderling

Auch unter Pflanzen gibt es gesellige und ungesellige Charaktere. Das Wermutkraut gehört unbestritten in die zweite Kategorie. Es bevorzugt trockene Böden und wer ihm zu nahekommt, dem ergeht es schlecht. Denn das stark riechende Kraut sondert Bitterstoffe ab, die für andere Gewächse unverträglich sind. Sie werden in ihrem Wachstum gehemmt. Botaniker haben sogar schon beobachtet, dass manche Nachbarpflanzen ihre Wurzeln vorsichtshalber nach innen biegen. Auch unter den Tieren hat das Wermutkraut nicht viele Freunde. Schmetterlinge und Bienen meiden es ebenso wie der Regenwurm.

Daher pflanzt man es am besten etwas abseits, an einem ganz eigenen Platz. Allerdings ist es nicht möglich, diesen Ort dauerhaft für das Wermutkraut zu reservieren. Denn es macht nicht nur anderen Pflanzen das Leben schwer, sondern auch sich selbst. Anders gesagt: Wo einmal Wermutkraut gewachsen ist, kann so schnell kein Artgenosse gedeihen.

Dabei hat Wermutkraut durchaus seine Vorzüge. Seit der Antike gilt es als Heilmittel. Es soll gegen Kopfschmerzen helfen und die Verdauung fördern. Es ist Bestandteil von Absinth und einem Aperitif, dem das Kraut seinen Namen gegeben hat, dem Wermut. Im Mittelalter wäre dieses Buch womöglich sogar mit Wermuttinte geschrieben worden. Damit hätte man verhindern wollen, dass es die Mäuse anknabbern.

Wermut im Garten des Managements

Auch in Organisationen gibt es ausgesprochene Sonderlinge. Sie grenzen sich ab, werden aber auch von den anderen gemieden oder sie werden schikaniert. Manche können eine halbwegs respektierte Randposition für sich erobern, andere geraten regelrecht unter die Räder.

Nun neigen Gruppen ohnehin dazu, Außenseiter zu produzieren. Daher stellt sich auch die Frage, ob der Sonderling von den anderen dazu gestempelt worden ist – zum Beispiel weil er bestimmte Eigenschaften hat, die in der Gruppe abgewertet werden – oder ob es sich um jemanden handelt, der schon als Sonderling in die Gruppe eingetreten ist.

In jedem Fall müssen Sie als Führungskraft den Sonderling in Schutz nehmen. Sie dürfen nicht dulden, dass jemand in Ihrem Garten drangsaliert wird. Das ist das eine. Hinzu kommt, dass sich die Lage häufig entspannt, wenn Sie dem Betroffenen einen eigenen Platz zuweisen, getrennt von den anderen. Dies gilt vor allem, wenn es sich um einen unverträglichen, naturbitteren „Wermut-Sonderling" handelt.

Sorgen Sie dafür, dass er in Ruhe und unbehelligt arbeiten kann. Dann ist er womöglich imstande, Vortreffliches zu leisten. Denn auch Sonderlinge haben ihre Qualitäten; sie warten nur darauf entdeckt zu werden.

Die Pfingstrose – die frühe Diva

Ihre Blüten gehören zum Prächtigsten, was der Garten hergibt. Einen „pompösen Auftritt, wuchtig und schwer", bescheinigt ihr die Gartenarchitektin Gabriella Pape. Und gleichzeitig voll Grazie und feierlicher Zartheit, wie Altmeister Karl Foerster ergänzt. Damit die Schönheit der blühenden Pfingstrose richtig zur Geltung kommt, darf links und rechts von ihr nichts Vergleichbares blühen – zumindest nicht, solange sie ihren „Auftritt" hat und der ist früh im Gartenjahr. Wie der Name bereits vermuten lässt, entfaltet sie ihre Pracht im Mai oder Juni. Zudem ist er kurz: Wenn das Wetter überhaupt mitspielt, dauert er gerade einmal zwei Wochen.

Wie man es von einer Diva erwarten darf, ist die Pfingstrose recht empfindlich. Sie verträgt weder strengen Frost noch allzu große Hitze und ist anfällig für diverse Krankheiten. Als sogenannter „Starkzehrer" beansprucht sie den Boden recht stark. Ein versierter Gärtner düngt und mulcht sie behutsam.

Es gibt noch eine weitere Eigenschaft, die sie auszeichnet: Die Pfingstrose ist ausgesprochen standorttreu. Im Unterschied zu vielen anderen Gewächsen wie etwa Wermut und Rittersporn, die durch den Garten wandern, fühlt sie sich an ihrem angestammten Platz außerordentlich wohl. Die Staude bringt von Jahr zu Jahr mehr Blüten hervor. Man kann die Pfingstrose jahrzehntelang an ihrem Standort stehen lassen – möglichst windgeschützt und sonnig.

Pfingstrosen im Garten des Managements

Sie glänzen durch frühe Ergebnisse. Aber das ist noch nicht alles: Ergebnisse von herausragender Qualität. Wie machen die das nur? Die Vorgesetzten sind beeindruckt, die Kollegen reagieren eingeschüchtert oder sind neidisch. Doch dann folgt die Phase der Ernüchterung (oder Erleichterung): Die Blüte dauert nur kurze Zeit.

Denn diese Mitarbeiter sind auf ihre Art ebenfalls Frühblüher. Sie verausgaben sich, um schneller zu sein als andere und dabei noch exzellente Arbeit zu leisten. Das können sie jedoch nicht lange durchhalten. Sie brauchen Zeit, um wieder Kraft zu sammeln, Zeit, die man ihnen geben muss.

Sie leiden darunter, dass sie entweder überschätzt werden, denn sie stechen ja alle anderen recht schnell aus. Oder aber sie werden unterschätzt: Der Vorgesetzte hat so große Hoffnungen in seine Pfingstrose gesetzt und dann ist sie auch schon verblüht. Es war wohl nicht weit her, mit ihrem Arbeitseifer.

Das ist allerdings eine Fehleinschätzung. Denn diese Mitarbeiter liefern ja in kurzer Zeit brillante Ergebnisse. Mit ihrem Elan können sie eine ganze Abteilung mitziehen. Dann aber darf man sie auch nicht überlasten. Im Idealfall haben Sie in Ihrem Team den einen oder anderen „Spätblüher", sagen wir, vom Typ Chrysantheme, die erst spät auf Touren kommen, dafür aber genug Energie besitzen, ein langwieriges Projekt zum blühenden Abschluss zu bringen, während sich Ihre Pfingstrose bereits wieder regeneriert.

In einem schnelllebigen Umfeld können Mitarbeiter vom Typ Pfingstrose eine Blitzkarriere hinlegen, was ihnen allerdings gar nicht gut bekommt. Sie bräuchten Zeit, sich zu sammeln. Stattdessen werden sie verheizt und haben schon bald keine Reserven mehr. Dabei wäre dieser Mitarbeitertypus an seinem angestammten Platz viel besser aufgehoben. Dort kennt man seine Qualitäten, dort kann er sich entwickeln und ganz allmählich vorrücken. Denn für die Blitzkarriere ist er gar nicht gemacht – auch wenn er so brillant zu sein scheint.

Grenzenloses Wachstum – die Ackerwinde

Auf den ersten Blick sieht sie eigentlich ganz schön aus mit ihren weißen oder zartrosa Blüten, die auch noch recht angenehm duften und von Bienen, Käfern und Schmetterlingen gerne besucht werden, weil es hier wohlschmeckenden Nektar zu schlürfen gibt. Und doch dürfte es nur wenige Gärtner geben, die sich an ihrem Anblick erfreuen.

Denn die Ackerwinde gehört in unseren Breiten zu den aggressivsten und wachstumsfreudigsten Pflanzen. In atemberaubender Geschwindigkeit kriecht sie über den Boden und rankt sich um die Stängel anderer Pflanzen, die sie in ihrem Wachstum hemmt. Auf diese Weise kann sie ein ganzes Beet überwuchern.

Kein Wunder also, dass die Ackerwinde als schlimmes Unkraut gilt, das der Gärtner aus seinem Erdreich möglichst vollständig entfernen möchte. Aber das ist gar nicht so einfach. Denn die Ackerwinde bildet ein dichtes Wurzelnetz, aus dem immer wieder neue Triebe hervorgehen. Daher muss man die Wurzeln komplett ausgraben. Reißt man sie einfach so aus, bleiben Reste zurück. Selbst kleinste Teile der Wurzel genügen und das unangenehme Spiel beginnt von vorn.

Manche begehen den Fehler und werfen das ausgejätete Unkraut auf den Kompost. In der Meinung, es sei ja „tot" und könne nun dem natürlichen Kreislauf der Natur zugeführt werden. Doch auch das zerhackte Wurzelwerk kann sich relativ schnell regenieren und aus der Kompostecke einen neuen Eroberungszug starten.

Aber sogar wenn es Ihnen gelingt, die Ackerwinde mit Stumpf und Stiel aus Ihrem Garten zu vertreiben, so kann sie doch immer wieder zurückkehren: Vom Nachbargrundstück, vom Wind hereingetragen oder von Tieren eingeschleppt. Und so führen viele Gärtner einen nicht enden wollenden Kampf gegen die Ackerwinde. So schlimm ist die Sache allerdings nicht, wenn man sich einmal an den Gedanken gewöhnt hat, dass man manche Plagegeister einfach nicht loswird.

Ackerwinden im Garten des Managements

Wir haben es bereits sachte angedeutet: Im Garten gelten vor allem solche Pflanzen als Unkraut, die sich hemmungslos ausbreiten, was immer auf Kosten von anderen geht. Nun geht es im Unternehmen nicht um die bedenkliche Vermehrung von Personal. Das pflegt sich auch nicht selbst zu vermehren, sondern wird eingestellt und öfter noch entlassen. Die Ackerwinde ist vielmehr ein Symbol für grenzenlosen Egoismus: Nur der eigene Erfolg zählt. Die Kollegen werden als Startrampe für eigene Ambitionen missbraucht.

Diesem rücksichtslosen Verhalten muss man als verantwortungsvoller Gärtner Einhalt gebieten. Sonst breitet es sich aus und setzt sich auch in den Köpfen derer fest, die eigentlich lieber kooperieren würden. Wenn aber schon Ihre loyalen Mitarbeiter anfangen darüber nachzudenken, ob sie nicht eigentlich die Verlierer sind, dann besteht der dringende Verdacht, dass Ihr Garten schon stark verunkrautet ist.

Dabei müssen wir unterscheiden: Es gibt auch quirlige Mitarbieter mit Biss, die eine etwas lethargische Abteilung aufmischen und die geballte Abneigung auf sich ziehen. So jemand verdient Unterstützung. Man muss ihn ganz deutlich in Schutz nehmen, auch wenn man seinen Elan unter vier Augen ein wenig bremsen muss.

Völlig anders verhält sich der Mitarbeiter, der wie die Ackerwinde seine Kollegen umschlingt, um auf ihre Kosten hoch hinaus zu kommen. Er ist gerade nicht mit Verve an der Sache interessiert, sondern einzig und allein an der Frage: Wie komme ich voran? Dazu ist ihm jedes Mittel recht.

Es gibt zwei gute Gründe, sich von einem Mitarbeiter zu trennen: Seine Leistungen sind unzureichend (und in absehbarer Zeit nicht auf ein akzeptables Niveau zu bringen). Oder er ist charakterlich eine Niete. Wir sprechen nicht davon, dass er seine Schwächen hat – wie wir alle. Wir sprechen auch nicht davon, dass er nicht gerade sympathisch wirkt. Unsympathische Mitarbeiter können hervorragende Arbeit leisten. Wenn Sie mich fragen: gerade sie. Wir sprechen davon, dass jemand charakterlich so sehr versagt, dass er dem Unternehmen schadet. Denn er verdankt sein Fortkommen vor allem der Tatsache, dass er die anderen kleinmacht, dass er sie austrickst und an den Rand drängt.

Um ein solches Verhalten zu erkennen, muss man kein ausgefuchster Psychologe sein. Es genügt, wenn man nach Gärtnerart seine Pflanzen immer wieder aufmerksam beobachtet.

Gartengespräch mit Gunter Dueck

Gunter Dueck ist Professor für Mathematik, hat an der Universität Bielefeld gelehrt und gehört nach dem Eindruck von Menschen, die ihm zugehört haben, zu den „inspirierendsten Menschen, denen man begegnen kann". Hauptberuflich ist Professor Dueck Chief Technology Officer und Master Inventor bei IBM Deutschland. Seit 2000 schreibt er philosophisch-satirische Bücher über das Leben, die Menschen und die Manager. Dabei hat er eine ganz eigene Gattung von Management-Literatur kreiert. Seine Satire „Lean Brain Management. Erfolg und Effizienzsteigerung durch Null-Hirn" wurde 2006 zum „Wirtschaftsbuch des Jahres" gekürt. Im gleichen Jahr schrieb Dueck auch seinen ersten Vampirroman. Wie es heißt, nennt man ihn bei

IBM „Wild Dueck" – in Anklang an „Wild Duck", was so viel wie „Querdenker" bedeutet.

Herr Professor Dueck, welche Beziehung haben Sie zu Gärten?

Dueck: „Mein Vater war Bauer. Ich hatte schon als Kind ein eigenes Beet im Garten. Dort habe ich Erbsen zum Eigenverbrauch gezogen, Ziermais und Strohblumen. Ich habe eine Kastanie gepflanzt. Daraus ist ein riesiger Baum geworden. In der Uni Bielefeld hatte ich ein Riesen-Südfenster und habe Hunderte von Kakteen aus Samen gezogen ..."

Welche Art von Garten gefällt Ihnen besonders? Und warum?

Dueck: „Liebevoll gepflegte. Solche mit Charakter. Da sind doch Gärten nicht anders als Menschen, oder?"

Was zeichnet für Sie eine gute Führungskraft aus?

Dueck: „Ach nein, schon wieder diese Frage! Da gibt es viele Stile und Arten. Das will niemand hören oder beachten. Jeder will wissen, was *den* Manager auszeichnet. *Den* Manager gibt es nicht. Es gibt einige menschliche Grundcharaktere, die sich gut zu einer Führungskraft entwickeln lassen. Dann bekommen wir je nach Persönlichkeit pflichtgetreue Ordnungshüter, charismatische Begeisterer, geniale Verkäufer oder visionäre Richtungsgeber.

Ich finde, wir sollten diese verschiedenen Talente getrennt betrachten und dann sozusagen die Edelsten jedes Typs besprechen. Meist wird aber versucht, *den* besten Manager zu definieren, der soll dann gleichzeitig charismatisch, zwanghaft pflichttreu, visionär, zupackend – also überhaupt alles sein und können. So ein Quatsch!

Bei allem Hype um ‚die beste Führungskraft' wird zudem meist übersehen, dass es sehr viel mehr Arbeitsstellen für Führungskräfte gibt als so großartige Menschen, wie wir sie uns naiv wünschen würden!

Allgemein gesehen haben gute Führungskräfte das Talent, die positiven Kräfte ihrer Mitarbeiter zu beflügeln und zu einem Ziel hin zu bündeln. Da es aber viel mehr Führungskräfte als Menschen mit solchem Talent gibt, müssen Manager mit fehlendem Talent auf eine Universalmethode ausweichen, die ganz ohne Talent auskommen kann: Man verbreitet Furcht und macht Druck. Das kann eigentlich jeder.

Und weil es so wenige begabte Führungskräfte gibt, entsteht der Eindruck, dass dieses seelisch belastende Druckmachen die allgemeine Regel und damit der erwünschte(!) Standard ist. Unter Umständen lernen nun begabte junge Führungskräfte sogar das Stressmachen als beste Methode, ohne dass sie es nötig hätten …"

Sie haben einmal den Ausdruck geprägt vom „Menschen in artgerechter Haltung". Wie könnte diese „artgerechte Haltung" aussehen? Und wie ist nach Ihrer Einschätzung die Situation in den meisten Unternehmen?

Dueck: „Gärtner wissen, dass manche Pflanzen viel oder wenig Wasser brauchen und andere viel oder wenig Sonne. Wer da etwas bei Pflanzen falsch macht, hat sicher keinen grünen Daumen!

Bei Menschen ist es ähnlich. Sie haben zum Beispiel viel oder wenig Energie oder brauchen viel oder wenig Liebe. Der gute Manager sieht solche individuellen Fähigkeiten und Bedürfnisse und managt sie individuell.

Entsprechend muss man schon Babys ,artgerecht halten', also individuell erziehen. Das ist aber nicht üblich! Hören wir denn nicht alle immer und immer wieder diese erstaunte Erklärung: ,Ich habe meine zwei Kinder genau gleich erzogen, es sind aber ganz verschiedene Menschen aus ihnen geworden, obwohl unsere Erziehung eigentlich darauf angelegt war, sie genau gleich haben zu wollen. Seltsam! Wie sie nur so sehr verschieden werden konnten!' Solche Eltern sollten die Rote Karte bekommen."

In Ihrem Buch E-Man haben Sie zwischen der Mentalität des „Jägers" und des „Bauern" unterschieden. Wie wirken sich die auf das Führungsverhalten aus? Gibt es auch eine Mentalität des „Gärtners"? Wie könnte die aussehen?

Dueck: „Ich habe zum Beispiel Bankbeamte mit Bauern verglichen, die Kunde um Kunde in der Reihe bedienen, wie ein Bauer Reihe um Reihe Maispflanzen setzt. In der heutigen Zeit versucht man wieder, Bankangestellte zu Jägern zu erziehen, die im Kunden ein Jagdobjekt der Profitgier sehen sollen. Als Gärtner würde der Bankangestellte die Kunden individuell, also ,artgerecht' beraten und bedienen. Der pflegende liebevolle Gärtner wäre jetzt wieder das theoretisch beste Modell (,Kunde im Zentrum'). Aber es gibt zu wenige, die das beherrschen. Das Handeln als Bauer oder Jäger kann dagegen massentauglich beigebracht werden."

In Ihrem Buch „Supramanie" beschreiben Sie die Auswirkungen des ständigen Bewertens und Aussortierens. Das Ergebnis ist der „Score-Man" mit dem Tunnelblick, der nur noch daran interessiert ist, Punkte zu sammeln. Stellen Sie uns den „Score-Man" noch einmal kurz vor.

Dueck: „Ich habe in diesem Buch eine harte Anklage geführt gegen die ‚befohlene Sucht, immer und überall der Beste sein zu müssen'. Ich argumentierte damals (2001), dass damit eine ‚Zeit der Raubtiere' anbrechen würde, wenn nur noch abgeerntet werden solle, ohne dass jemand sich um nachhaltiges Säen kümmern wolle.

Ich hatte damals schon das Wort ‚Raubtierkapitalismus' auf der Tastatur, traute mich aber nicht so recht. Damals hielt man mich für sehr negativ, ich erntete entsprechend böse Kritiken. Manche warfen mir vor, nichts leisten zu wollen oder Sozialromantiker zu sein. Ich sagte und sage nur: Wer Mitarbeiter süchtig nach kurzfristigen Punkten macht, verhindert, dass dieser sich um die eigentliche Arbeit kümmert.

Oder: Wenn Schule und Studium nur immerfort Punkte vergeben, lernen die jungen Leute nur noch für die Punkte – der Lehrstoff ist ihnen ganz egal. Ich wurde nicht gehört. Jetzt haben wir durch die Supramanie die Finanzkrise bekommen – ohne dass sich der Punktewahn legt."

Wie kann eine Organisation verhindern, „Score-Men" (und „Score-Women") heranzuzüchten? Kann man als Einzelner aus dem System aussteigen? Oder wenigstens als Führungskraft? Gibt es Gegenbewegungen gegen die Punktsammelei? Oder ist sie weiterhin auf dem Vormarsch?

Dueck: „Das invasive und bewusst stressende Messen der Leistungen wird immer mehr zur Managementmethode der Wahl. Ich sagte schon, es gibt wenige begabte Führungskräfte! Das Messen der Leistungen einhergehend mit ständigen Mehrforderungen aber kann absolut jeder! Die frühere Gewalt des Gutsherrn oder Despoten wird nun über das Zahlenschinden ausgeübt – es geht erst in zweiter Linie um das Erfassen der Leistungszahlen.

Im öffentlichen Dienst werden ja erst in diesen Tagen die Leistungsmessungen und die zugehörigen Boni eingeführt! Man hasst allgemein das System der Investmentbanken und klagt den dortigen extremen Arbeitsdruck an, man führt aber gleichzeitig die gleichen Gedanken in jedem unentdeckten Winkel der Arbeitswelt neu ein! Der helle Wahnsinn!

Bald bekommt auch das Kindergartenkind (‚Wie viele englische Vokabeln sitzen schon?') und die Erzieherin einen Bonus (‚Wie viel Prozent der Eltern sind zufriedengestellt?'). Wie kann man das verhindern? Tja, *will* es jemand verhindern? Und wenn ja – wie ginge das? Wir müssten alle, wirklich *alle* Menschen viel besser ausbilden, vielleicht *allen* Menschen die Grundsätze der Führung und Gärtnerei beibringen, zumindest alle diejenigen in Erziehung schulen, die Eltern werden wollen…

Oh, das ist ein elend weiter Weg, den wir leider auch noch verlassen haben. Unser Bildungssystem nimmt ja begierig die Gedanken des stressenden Punktemessens auf und erzieht dann ‚keine artgerechten edlen temperamentvollen Pferde, sondern fest dressierte Postpferde, die in global gleicher Weise einem beliebig zugeordneten Herrn gehorchen'.“

War das gerade ein Zitat?

Dueck: „Nein, zumindest kein Fremdzitat, aber ich habe darüber ein paar Seiten in meinem Buch ‚Omnisophie' geschrieben. Das war vor neun Jahren.“

Im botanischen Garten: Lernen von den klugen Pflanzen

„In den Pflanzen ist die ganze Kraft der Welt. Derjenige, der ihre geheimen Fähigkeiten kennt, der ist allmächtig." – Sprichwort aus Indien

Was Sie sicher noch nicht gewusst haben: Der älteste botanische Garten befindet sich an der kroatischen Küste, nordwestlich von Dubrovnik. Das Arboretum von Trsteno besteht seit dem 15. Jahrhundert und kann auch heute noch besichtigt werden. Am Eingang befinden sich zwei Platanen, die gut 500 Jahre alt sein sollen. Der Name Arboretum lässt es schon erkennen (lat. *arbor* = der Baum): Hier wurden vornehmlich Bäume angepflanzt, möglichst aus fernen Ländern und möglichst viele verschiedene Exemplare. Denn genau darum geht es bei einem botanischen Garten: die Vielfalt der Pflanzenwelt einzufangen und dem Besucher zugänglich zu machen. Er ist eine Art Zoo für Pflanzen. In der Stuttgarter Wilhelma hat man denn auch den botanischen mit dem zoologischen Garten kombiniert.

Meist steht der botanische Garten unter der Verwaltung einer Universität oder Forschungseinrichtung, die ihn für wissenschaftliche Zwecke nutzt. Dabei ist unterschiedlich stark zu spüren, dass es ein Wissenschaftsgarten ist, bei dem ästhetische Gesichtspunkte eher im Hintergrund stehen. Die Besucher bemerken das am ehesten an den kleinen Schildchen, auf denen akkurat verzeichnet steht, um welche Gewächse es sich handelt. Ansonsten sind die botanischen Gärten oft parkähnlich angelegt. Mit Teichen, Ruheplätzen und kleinen Pavillons sollen sie den Besuchern auch Entspannung bieten. Eine ganze Reihe von botanischen Gärten ist aus barocken Lustgärten hervorgegangen. Und Lust soll er bereiten, auch wenn oder gar weil er uns eine geradezu enzyklopädische Fülle von Pflanzen offeriert.

Der Garten als Lehrbuch

Im botanischen Garten begegnen uns die Pflanzen nicht einfach so, sondern sie werden eingeordnet. Zum Beispiel als Mitglied einer Pflanzengattung. So wachsen im Garten von Schloss Trauttmansdorff in Meran nicht weniger als 154 Arten von Salbei nebeneinander, die so unterschiedlich in Form und Farbe sind, dass der Besucher über die Vielfalt nur staunen kann. In einer anderen Abteilung begegnen uns urtümliche Pflanzen, also Farne und Koniferen, die einen Eindruck vermitteln, wie die Vegetation vor hundert Millionen Jahren ausgesehen hat. Außerdem gibt es noch geografische Anlagen, in denen die Pflanzen einem bestimmten Lebensraum zugeordnet werden, einem japanischen Garten, der Alpenflora oder amerikanischen Landschaften.

Im botanischen Garten von Berlin, einem der artenreichsten der Welt, können Sie eine bemerkenswerte Anlage für Heilpflanzen besichtigen. Sie hat die Form eines menschlichen Körpers, wobei die Heilkräuter dem Bereich zugeordnet sind, auf den sie einwirken sollen. Und es gibt fünfzehn Schaugewächshäuser, die sich jeweils einem anderen Thema widmen: Der tropischen Vegetation, den Kakteen Amerikas, der Pflanzenwelt Australiens und Neuseelands, „tierfangenden" Pflanzen, Orchideen und Kannenpflanzen, von denen noch zu reden sein wird.

Die reiche Vielfalt der botanischen Gärten
Die genannten Gärten sind bei Weitem nicht die einzigen, die einen Besuch lohnen. Im deutschsprachigen Raum gibt es eine Fülle solcher Einrichtungen mit ganz unterschiedlichem Charakter – von Aachen bis Zürich. Dabei können auch kleinere botanische Gärten ihren unwiderstehlichen Reiz haben, wie der alte botanische Garten in Marburg.

Ein botanischer Garten ist ein lebendiges, blühendes Lehrbuch, das uns mit den Eigenarten einheimischer und exotischer Pflanzen bekannt macht. Die Gärten bei Schloss Trauttmansdorff in Meran verstehen sich denn auch als „begehbares botanisches Lexikon". Und so wollen wir in diesem Kapitel die bemerkenswerten Strategien einzelner Pflanzen näher betrachten – im Sinne der „grünen Managementbionik", von der bereits die Rede war. Weil sich viele botanische Gärten auch mit der Entwicklung der Pflanzen beschäftigen, werden wir abschließend noch einen Blick auf das „evolutionäre Management" werfen. Denn wie jedes Gewächs, so sind auch Organisationen einer Evolution unterworfen.

Pflanzen in Bewegung

Wir neigen dazu, Pflanzen als etwas Statisches anzusehen, als einen Organismus, der fest an seinem Standort verwurzelt und damit unbeweglich ist. Doch damit übersehen wir etwas Entscheidendes: Pflanzen sind regelrecht gezwungen, sich auf Wanderschaft zu begeben – in aller Regel, bevor sie Wurzeln schlagen. Sie müssen zusehen, dass sie ausreichende Distanz zu ihrer Mutterpflanze bekommen. Sonst haben sie nicht genügend Platz, um sich zu entfalten. Sie müssten der Mutterpflanze Konkurrenz machen und dazu sind sie als zarte Schösslinge nicht in der Lage.

Schösslinge im Schatten der Baumkrone

Stellen Sie sich unter einen Baum. Richten Sie Ihren Blick in die Höhe und achten Sie darauf, wie weit die Baumkrone reicht. Diesen Bereich markieren Sie auf der Erde. Zählen Sie nach, wie viele kleine Sämlinge, also junge Bäume, in diesem Bereich am Boden wachsen. Vielleicht sind es zehn, zwanzig oder gar fünfzig. Nur ein oder zwei von diesen Jungbäumen werden einmal den Altbaum ersetzen.

Erst wenn der Altbaum abstirbt, umstürzt oder gefällt wird, beginnt der Wettlauf der lichthungrigen Jungbäume um den Platz des alten Baumes. Nach einigen Jahrzehnten setzt sich einer (oder zwei) aus der ursprünglichen Jungbaumgruppe durch und tritt an die Stelle des Altbaums. Die anderen hatten dennoch eine wichtige Funktion: Sie dienten als Reserve und dem Schutz der Jungbäume untereinander. Gleichzeitig bauten sie den nötigen Konkurrenzdruck auf, damit sich wirklich ein starker Baum durchsetzt. Einen solchen Nachfolger „aufzubauen", reicht natürlich nicht aus; ein Baum muss dafür sorgen, dass die meisten seiner Nachkommen in der weiteren Umgebung Wurzeln schlagen (dieses Beispiel verdanke ich Dr. Stefan Rösler, der im Gartengespräch ab Seite 171 selbst zu Wort kommt).

Doch wie bewegen sich Pflanzen? Sie verfahren nach einem Prinzip, das ihnen hilft, auch andere Probleme zu lösen, und das sie bis zur Perfektion entwickelt haben: Sie nutzen frei verfügbare Energie und spannen ihre Freunde aus dem Tierreich für sich ein.

Flugkünste mit Fallschirm und Propeller

So produzieren viele Pflanzen Flugsamen, die vom Wind davongetragen werden. Am bekanntesten ist der Löwenzahn, die „Pusteblume", die ihren Nachwuchs mit kleinen Fallschirmen ausstattet, die bei der kleinsten Brise wegfliegen. Da im Wald wenig Wind weht, müssen die Bäume auf ausgefeiltere Lösungen setzen: Der Ahornsamen fällt möglichst weit vom Stamm, weil er mit einer Art Propeller ausgestattet ist.

as Meisterstück allerdings ist das tropische Kürbisgewächs Zanonia macrocarpa. Sein Flugsamen sieht aus wie ein Tarnkappenbomber und hat eine Spannweite von 15 Zentimetern. Er fliegt bis zu zehn Kilometer weit und ist so raffiniert konstruiert, dass er Flugzeugingenieure inspiriert hat, einen extrem aerodynamischen, treibstoffsparenden Flugzeugtyp zu entwickeln, den „Nurflügler", dem manche Konstrukteure eine große Zukunft voraussagen. Allerdings hat er einen Nachteil: Für die Passagiere hat er keine Fenster.

Eine nicht weniger bemerkenswerte Art der Fortbewegung praktiziert der sogenannte „Steppenroller": Diese Pflanze aus der Familie der Nachtkerzen wächst in den sandigen Wüstenregionen des amerikanischen Westens. Wegen der starken Winde wird der Sand abgetragen, die Wurzeln verlieren ihren Halt. Sie schrumpfen und krümmen sich zu einer runden Gitterkugel zusammen, die der Wind kilometerweit vor sich hertreibt wie einen Wüstenfußball. Die Mutterpflanze ist zwar abgestorben, doch enthält sie eine Kapsel mit Samen. Sie platzt auf, sobald die Bedingungen wieder günstig sind.

Reisen übers Meer

Pflanzen, die am Meer wachsen, können mit der richtigen Technik auch diesen Transportweg nutzen. Wie zum Beispiel die Kokospalme, deren Nüsse eine so harte Schale haben, dass sie die Reise im Salzwasser unbeschadet überstehen. Außerdem haben Kokosnüsse genügend Auftrieb, dass sie nicht untergehen, sondern an einem fernen Strand mit der Flut wieder angespült werden. Wie David Attenborough in seinem Buch über das „geheime Leben der Pflanzen" schreibt, hat die Kokospalme auf diese Weise alle tropischen Strände kolonisiert.

Tiere als Spediteure

Raffinierter noch sind die Strategien, bei denen sich die Pflanzen von Tieren helfen lassen. So verfangen sich die Kletten nicht zufällig in deren Fell: Bis sie diese lästigen Anhängsel wieder abstreifen, haben die Samen schon ein beträchtliches Stück Weg zurückgelegt.

Vielleicht haben Sie noch nie darüber nachgedacht, warum unreife Früchte so sauer sind und Bauchweh verursachen. Aber Sie vermuten richtig: Auch dafür gibt es einen Grund. Die Samen sind noch nicht reif, um abtransportiert zu werden. Erst wenn sie so weit sind, färben sich die Früchte mit einem Mal rot und signalisieren auf diese Weise: Wir schmecken wunderbar süß. Die Tiere fressen sie und scheiden die Samen in sicherer Entfernung wieder aus. Eine klassische Win-win-Situation, denn schließlich haben beide Seiten etwas davon.

Dabei wählen viele Pflanzen ihre Kooperationspartner mit Bedacht, möchte man fast sagen. Die Paranuss hat eine extrem harte Schale, sodass nicht nur wir mit unserem alteuropäischen Nussknacker daran verzweifeln. Sie heißt nicht zufällig auch „Steinnuss". Im Amazonasgebiet, wo die Paranuss wächst, kann so gut wie niemand diese Nuss öffnen – nur die Agutis, die mit den Meerschweinchen verwandt sind, aber ein sehr viel stärkeres Gebiss haben. Und so knacken sie fast als einzige die Steinnuss.

Genau das ist ganz im Sinne des Paranussbaums. Denn die Agutis knacken zwar die Nüsse, aber sie fressen die Samen nicht vollständig auf. Es handelt sich um ein planmäßiges Überangebot, das dazu führt, dass die Agutis ihre Backentaschen vollstopfen und die Samen irgendwo hintragen und vergraben in der irrigen Meinung, sie irgendwann wiederzufinden. Wie Sie sehen, machen nicht nur manche Unternehmen mit der Selbstüberschätzung und Vergesslichkeit anderer glänzende Geschäfte. Die Mehrzahl der Samen bleibt unentdeckt und lässt sich über ein Jahr Zeit mit dem Keimen.

Der frühe Vogel sät den Kiefernwald

Eine ähnliche Taktik verfolgen Eiche und Kiefer. Ihre Früchte werden bevorzugt vom Eichel- beziehungsweise vom Kieferhäher geerntet, unmittelbar nachdem sie reif geworden sind. Beide Vögel kommen ihren Konkurrenten zuvor. Sie legen ein Depot an und vergraben dazu die Früchte tief im Boden. Nur einen Teil davon finden sie wieder. Die anderen bilden die Saat für neue Bäume. Die Förster nennen solche Baumbestände „Hähersaat".

Vorhandene Energien für sich einsetzen

Die Pflanzen machen es vor: Sie entwickeln Fähigkeiten, die außerhalb ihrer eigenen Reichweite liegen, indem sie auf Energie zurückgreifen, die sich aus fremden Quellen speist. Dabei verfahren sie nicht parasitär, sondern nutzen die Energie, ohne den anderen zu schädigen. Ja, mitunter profitiert der sogar davon.

Synergien im Unternehmen nutzen

Dieses energiesparende Prinzip können sowohl Unternehmen wie Führungskräfte für sich nutzen. Wo sind Kräfte am Werk, in die Sie sich einklinken können? Wohin bewegen sich Kunden, Konkurrenten und Kooperationspartner? Was machen sie von allein? Welche Anreize können Sie ihnen auf den Weg legen?

Selbstverständlich müssen Sie Ihre eigene Leistung so designen, dass sie den anderen nicht belastet, sondern gerne „mitgenommen" wird. Nur dann wird sie den nötigen Schub bekommen.

Umgekehrt können Sie Ihre eigenen Aktivitäten daraufhin überprüfen, ob nicht jemand davon profitieren könnte, an den Sie noch gar nicht gedacht haben. Dabei muss es sich keineswegs immer um geschäftliche Partner handeln.

Soziale, kulturelle und wissenschaftliche Projekte fördern

Viele Firmen engagieren sich gesellschaftlich. Sie unterstützen soziale, kulturelle oder wissenschaftliche Projekte. Beide Seiten profitieren am meisten davon, wenn es einen engen Bezug zum Produkt oder der Dienstleistung des Unternehmens gibt – ohne dass eine Seite von der anderen vereinnahmt wird.

Mitarbeiter richtig motivieren

Letztlich können wir die Bewegung der Pflanzen aber auch als Bild für gelingende Motivation betrachten. Als Führungskraft können Sie einen Mitarbeiter ja auch nicht steuern wie einen Automaten. Vielmehr werden Sie vor allem dann erfolgreich sein, wenn Sie ihn in die Richtung laufen lassen, in der er ohnehin schon unterwegs ist. Dazu muss man die Wege und „Energieströme" seiner Mitarbeiter natürlich kennen.

Einen neuen Lebensraum besiedeln

Immer wieder räumt die Natur Lebensräume frei. Den gleichen Effekt erreichen Sie, wenn Sie ein neues Beet anlegen und frische Erde aufschütten. Die Pflanzen bekommen die Chance, noch einmal neu anzufangen. In der freien Wildbahn geschieht dies nach Katastrophen, Waldbränden, Überschwemmungen, aber auch wenn Waldflächen gerodet oder Äcker stillgelegt werden. Ein Lebensraum steht mehr oder weniger leer und wartet darauf, gefüllt zu werden.

Flachwurzler und Opportunisten zuerst

Wenn Sie selbst nichts angepflanzt haben, liegt die Fläche erst einmal brach. Doch es dauert nicht lange, dann erscheinen die ersten Pflanzen. Diese Pioniere verfolgen eine klare Strategie: schnelle Ausbreitung, schnelles Wachstum und alle verfügbaren Ressourcen rasch verbrauchen. Es handelt sich um eine anspruchslose, kurzlebige und einfach strukturierte Vegetation: Matten, Gräser und Wildkräuter. Manche Gärtner nennen das Unkraut.

Allmählich erscheinen auch langlebigere Exemplare von Kräutern und Gräsern. Mit dem Wachstum lassen sie sich mehr Zeit und sie breiten sich auch langsamer aus. Sie legen mehr Wert auf Gründlichkeit und

Qualität, graben ihre Wurzeln tiefer ins Erdreich, rüsten gegen die Konkurrenz auf und bilden Reserven. Sie drängen langsam, aber unaufhaltsam das „Unkraut der ersten Stunde" zurück. Dann folgen die ersten Büsche, die sich ihren Lebensraum auf Kosten der vorangegangenen Arten nehmen. Ein Teil von ihnen muss schließlich den Bäumen weichen.

Aber auch bei den Bäumen gibt es solche, die vergleichsweise schnell wachsen, sich rasch ausbreiten und die Ressourcen maximal ausnutzen. Wie die Birken, deren Samen nur keimen, wenn genügend Licht vorhanden ist. Solche Bäume kommen als erste und bilden ein mehrschichtiges Blätterwerk aus, um möglichst viel Licht aufzunehmen, solange noch genügend davon da ist. Denn langsam wachsen auch die „späten Bäume" heran, die nur eine Laubschicht haben. Denn im Bereich der Baumkronen wird es immer enger und dunkler. Wer alle überragt, stellt sie buchstäblich in den Schatten. Und das erreichen die späten Bäume, die ihre Vorgänger irgendwann verdrängen.

Veränderliche Lebensräume

Die „späten Bäume" setzen sich allerdings nur durch, wenn der Lebensraum lange Zeit vergleichsweise stabil bleibt. Das ist oft nicht der Fall. Immer wieder kann der Lebensraum durch die besagten Eingriffe oder Katastrophen ganz oder teilweise „auf Anfang" zurückgestellt werden. Darüber hinaus kann die Qualität des Bodens die Entwicklung verlangsamen oder beschleunigen. Und schließlich nehmen die Tiere großen Einfluss, weil sie bestimmte Pflanzen fressen, Gräser immer wieder abweiden und auch Pfade in das Dickicht trampeln.

In fast allen diesen Lebensräumen steigt die natürliche Vielfalt zunächst an. Es kommen ja ständig neue Arten hinzu, auch wenn die „Pioniere" immer stärker an den Rand gedrängt werden. Doch schließlich wendet sich das Blatt. Die ersten Pionierarten verschwinden. Doch weil sie sich so schnell vermehren und ausbreiten, können sie oft auf neue Brachflächen ausweichen, die in der Nachbarschaft entstanden sind. Betrachten wir jedoch nur einen begrenzten Lebensraum, der stabil bleibt. Nach einiger Zeit sind hier alle Pionierarten verschwunden und eine einzige Art hat sich als die dominante durchgesetzt. Oft ist die als eine der letzten erschienen.

Die Marktstrategie der Pflanzen

Ob es sich um die Erschließung eines neuen Marktsegments, die Entwicklung einer neuen Technologie oder um den Aufbau einer neuen

Abteilung handelt, in vielen Bereichen lässt sich eine ähnliche Abfolge beobachten, wie wir eben beschrieben haben. Am Anfang dominiert eine kurzfristige Orientierung. Erst wenn sich die Verhältnisse stabilisieren, treten langfristig angelegte Konzeptionen in den Vordergrund.

In Zeiten des Umbruchs sind diejenigen im Vorteil, die rasch reagieren, auf den schnellen Gewinn setzen und in der Lage sind, sich immer wieder neu zu orientieren. Für Flachwurzler lohnt es sich nicht, viel Zeit zu investieren, um bestimmte Kompetenzen selbst aufzubauen. Die kauft man besser ein und stößt sie wieder ab, sobald sie nicht mehr benötigt werden. In einem stark veränderlichen Umfeld können solche Kompetenzen schon morgen veraltet sein und damit zur Belastung werden.

Allerdings legt sich die Unruhe irgendwann wieder. Die „Pioniere" verschwinden vom Markt. Es kommen diejenigen zum Zuge, die langfristig und strategisch denken, die ihre Zeit genutzt haben, Kompetenzen aufzubauen, über die ihre Konkurrenten nicht verfügen. Und doch kann man auch als „Flachwurzler" überleben. Man muss nur Marktsegmente finden, die unruhig genug sind und immer wieder neue „Flachwurzler" anlocken.

In Krisenzeiten die Weichen auf Erfolg stellen

Es sind die unruhigen, krisenhaften Zeiten, die den Unternehmen neue Chancen eröffnen. In einem stabilen Umfeld ist es sehr viel schwieriger, den Marktführer in Verlegenheit zu bringen. Die Claims sind abgesteckt. Auch für die Unternehmen selbst gilt, dass sie sich in der Krise am ehesten erneuern – solange alles nach Plan läuft, sind Änderungen nur schwer durchzusetzen.

Gesunde Wälder brauchen Waldbrände

Jeden Sommer kommt es zu verheerenden Waldbränden, die mit Löschflugzeugen bekämpft werden und bei denen mitunter riesigen Flächen in Flammen aufgehen. Manchmal dauert es Jahrzehnte, bis sich die Wälder von solchen Feuerwalzen wieder erholt haben. Dabei sind Brände eigentlich nichts Schlechtes für das Ökosystem Wald. Allerdings nicht in diesem Ausmaß. Es wirkt ein wenig paradox, aber ein gesunder Wald braucht immer wieder einmal kleinere Feuer – nicht zuletzt, damit solche schlimmen Brände gar nicht erst auftreten.

Kleinere Feuer schädigen die großen Bäume nicht. Stattdessen verbrennt der Unterwuchs und vor allem das Totholz, das zum wahren Brandbeschleuniger werden kann, wenn sich ausreichende Mengen davon ansammeln. Einige der schlimmsten Waldbrände sind ausgebrochen, weil es in dem betreffenden Gebiet zu lange nicht gebrannt hatte – oder vielmehr weil die Feuer zu schnell gelöscht worden waren.

Flammeninferno im Yellowstone Nationalpark

Im Jahr 1988 brach im amerikanischen Yellowstone Nationalpark ein ungeheurer Brand aus, der mehr als 610.000 Hektar Wald vernichtete. Die Leitung des Parks hatte seit mehr als einem Jahrhundert ausbrechende Feuer rasch gelöscht – nicht zuletzt auch, um die Besucher zu schützen. Ähnliches hatte sich 1983 in Südaustralien ereignet. Ausgerechnet am Aschermittwoch vernichteten mehrere Buschfeuer riesige Waldflächen; über siebzig Menschen kamen ums Leben, 8.500 wurden obdachlos.

Das vergebliche Bemühen um Stabilität

Stürme und Waldbrände schaffen Platz. Sie sind ein Mittel, um die nötige Erneuerung herbeizuführen. Wer sie unterbinden will, schafft die Voraussetzungen dafür, dass irgendwann die ganz große Katastrophe über den Wald hereinbricht, der sich nicht genügend erneuern konnte. Auch kleinere Feuersbrünste bringen zunächst Zerstörung, doch sind sie für den Wald überlebenswichtig.

Das zeigt sich auch an einem interessanten Detail: Die Samen mancher Pflanzen wie zum Beispiel des Rieseneukalyptus öffnen sich erst bei sehr großer Hitze. Die jungen Bäume können sich überhaupt nur entwickeln, wenn das Feuer für sie den Boden bereitet und eine ausreichende Fläche freigeräumt hat. Bleibt das Feuer aus, gehen die alten Bäume irgendwann zugrunde und hinterlassen keine Nachkommen.

Das heißt nun aber nicht, dass Brände grundsätzlich gut für den Wald sind. Vielmehr ist das Ausmaß entscheidend und der Zeitpunkt, zu dem sie ihr Zerstörungswerk beginnen. Hat der Wald keine Zeit, sich zu regenerieren, richten die Feuer ihn zugrunde.

Nur wenige Waldbrände haben natürliche Ursachen

Die meisten Brände werden durch Menschen verursacht. Sie werden vorsätzlich gelegt (Brandrodung) oder entstehen durch Unachtsamkeit. Weltweit sollen nicht einmal fünf Prozent aller Waldbrände natürliche Ursachen haben.

Waldbrandschutz im Unternehmen

Auch für Unternehmen gilt, dass sie sich nicht abschotten dürfen. Ja, dann und wann sind auch einschneidende Veränderungen erforderlich, die zunächst einmal wehtun und nicht sofort zu glänzenden Ergebnissen führen. Auch Unternehmen brauchen ihre kleinen Waldbrände, um sich zu erneuern. Sonst stehen sie irgendwann vor dem Aus.

Nun befinden sich viele Organisationen aber eher in einem Zustand, der sich nicht durch übermäßige Stabilität auszeichnet. Sie gleichen vielmehr einem Wald, den ständig Brände heimsuchen. Dabei wird das Feuer bisweilen vorsätzlich gelegt. Mitunter springt der Funke aus anderen Wäldern über und wird von den zuständigen Förstern erst richtig entfacht. Denn sie halten das für eine gute Gelegenheit zur Rundumerneuerung.

Dabei sollten Führungskräfte wissen: Zu viel Erneuerung überfordert auch die gutwilligsten Mitarbeiter. Der Unternehmenswald bleibt im Stadium der ambitionierten Steppe stecken. Sie müssen sich vorstellen: Auch die jungen Eukalyptusbäume müssen erst einmal fünfzig Jahre ungestört vor sich hinwachsen können, ehe sie überhaupt in das Stadium treten, sich gegenseitig Konkurrenz zu machen. Nun gelten für Unternehmen ganz gewiss andere Zeitspannen. Doch das Prinzip ist dasselbe: Nach einer Phase des Umbruchs muss Ruhe einkehren, damit Neues überhaupt erst einmal wachsen kann.

Die Strategie der Kannenpflanzen

Der Naturfilmer Volker Arzt drehte vor vielen Jahren in einer sehr unwirtlichen Gegend, auf den Tafelbergen Venezuelas – das sind mächtige Sandsteinmassive, die weit über den tropischen Regenwald hinausragen. In der kargen Steinlandschaft stieß er immer wieder auf üppige Sumpfwiesen mit fremdartigen Gewächsen. Erst nach einiger Zeit stellte er fest, dass es sich bei ihnen ausnahmslos um fleischfressende Pflanzen handelte.

Neue Nahrungsquellen erschließen

Dafür gibt es eine einleuchtende Erklärung: Die Pflanzen sind ständig starken Winden und sintflutartigen Regenfällen ausgesetzt. Mineralien und Nährstoffe werden aus dem ohnehin kargen Boden herausgewaschen. Normalerweise könnten sich hier keine stattlichen Gewächse halten. Sie fänden bei Weitem nicht genug Nahrung. Doch anstatt ihre Wurzeln immer tiefer in den kümmerlichen Boden zu graben, haben die Pflanzen eine neue Nahrungsquelle für sich erschlossen: Sie leben nun von Insekten, die sie mit großem Geschick anlocken, fangen und verdauen.

Besonders eindrucksvoll gelingt dies den sogenannten Kannenpflanzen, wie zum Beispiel der Sonnenamphore. Die besteht aus einem grünen Fangbehälter, über den sich ein leuchtend roter Auswuchs wie eine Bogenlampe neigt. Diese Bogenlampe wirkt als Duftstrahler, der die Insekten anlockt. Als zusätzlicher Köder dienen süße Nektartröpfchen, die von den Insekten gerne aufgeschlürft werden. Allerdings bringen sie die kleinen Krabbler dazu, sich immer weiter auf glattes Terrain zu begeben. Irgendwann verlieren sie den Halt und landen im Fangbehälter, der zu einem Drittel mit Regenwasser gefüllt ist. Allerdings mit Regenwasser, das mit Säuren und Enzymen angereichert ist. Es handelt sich um eine Art Magen. Insekten, die hier hineinfallen, werden nach und nach verdaut.

Die „gefräßigste Pflanze der Welt"

Von der Kannenpflanze Nepenthes albomarginata heißt es, sie kann bis zu 6.000 Termiten in einer Stunde fangen und verdauen. Dazu muss es ihr allerdings erst einmal gelingen, von den Termiten entdeckt zu werden. Hat sie das geschafft, dann winkt reiche Beute, denn Termiten bilden „Straßen" und sind stets in großer Zahl unterwegs. Daher genügt der Albomarginata ein solcher Fang alle paar Wochen.

Die Verhältnisse umkehren

Um die Strategie der Kannenpflanze zu würdigen, müssen wir uns den Normalfall klar machen: Insekten fressen Pflanzen. Weil der Normalfall im Hochland von Venezuela aber nicht gegeben ist, haben Pflanzen nur zwei Möglichkeiten. Entweder passen sie sich dem kümmerlichen Nährstoffangebot an und führen die Existenz einer kümmerlichen Pflanze. Oder sie stellen die Verhältnisse auf den Kopf und schaffen eine ganz neue Welt, in der sie wachsen und gedeihen.

Auch Unternehmen können sich auf diese Weise fortentwickeln. Wenn ihr Geschäftsmodell nicht mehr trägt, machen sie sich daran, die Verhältnisse umzukehren, dann können aus Konkurrenten Kooperationspartner werden, Kunden werden zeitweilig zu Mitarbeitern oder sogar zum „Produkt", das nun an neue Kunden verkauft wird.

Immer an den Leser denken

Bei Zeitungen, Zeitschriften oder digitalen Inhalten ist es schon lange Realität. Die Leser, für die diese Inhalte erstellt werden, sind nicht so sehr die Kunden. Weit eher sind sie das Produkt, mit dem die Verlagshäuser ihr eigentliches Geschäft machen, etwa mit den Anzeigenkunden. Das heißt nun gerade nicht, dass die Leser unwichtig sind. Im Gegenteil, mit ihrem Zuspruch, aber auch mit ihrer Qualität steht und fällt das Geschäft.

Wie sich Pflanzen wehren

Man könnte meinen, Pflanzen seien eine besonders leichte Beute. Denn sie können nicht flüchten und nicht zubeißen, sie haben keine Krallen, keine Hörner und keine Fäuste. Und doch sind sie keineswegs hilflos, sondern sehr wohl in der Lage, sich zu wehren, ja in einzelnen Fällen sogar anzugreifen. Ihre Waffen sind Dornen, Stacheln, Gifte und die Kunst der Kommunikation. Was den letzten Punkt betrifft, sind die pflanzlichen Strategien zum Teil außerordentlich raffiniert. Genau das macht sie für Organisationen so interessant.

Mimikry und Desinformation

Sich zur Wehr zu setzen, ist kostspielig. Daher verzichten viele Pionierpflanzen ganz darauf und lassen sich sofort verdrängen, sobald es ungemütlich wird und der Konkurrenzkampf beginnt. Andere Pflanzen täuschen ihre Gefährlichkeit nur vor. Die Taubnessel etwa, die so aussieht, als könne sie ähnliche Unannehmlichkeiten bereiten wie die Brennnessel.

Die Harmlosen geben vor, gefährlich zu sein, indem sie die Gefährlichen imitieren. Das schreckt die Feinde ab und entlastet den Verteidigungsetat. Diese Methode hat auch im Tierreich zahlreiche Anhänger. Nach ihrem Entdecker heißt sie „Bates'sche Mimikry".

Darüber hinaus betreiben manche Pflanzen gezielte Desinformation. So sondert eine südamerikanische Kartoffelart einen Duftstoff ab, den Blattläuse ausscheiden, wenn Gefahr droht. Das wirkt auf die nicht gerade einladend. Regelrecht ausgetüftelt erscheint die Methode, mit der sich die Passionsblume gegen bestimmte Raupen schützt. Die Eier, aus denen diese Raupen schlüpfen, legt das Schmetterlingsweibchen nämlich nur auf Blätter ab, die noch frei sind. Die Passionsblume aber produziert auf ihren Blättern kleine gelbe Auswüchse, die aussehen wie die betreffenden Eier.

Was allerdings für alle diese Maßnahmen typisch ist: Sie bieten immer nur einen relativen Schutz. Die Pflanzen lassen sich durchaus auch anknabbern, sie bringen beträchtliche Opfer, um sich dann doch zur Wehr zu setzen. Diese Unkalkulierbarkeit macht ihren Schutz auf lange Sicht erst wirksam. Denn jede Gewinnerstrategie bringt im Reich der Natur zuverlässig eine Gegenstrategie hervor, genau diese Gewinnerstrategie auszutricksen. Bei einer Abwehrmaßnahme, die einmal wirkt und das nächste Mal gar nicht zum Einsatz kommt, ist das nicht der Fall. Für den Angreifer lohnt es sich nicht, eine passende Gegenstrategie zu entwickeln.

Kommunikation und Kooperation

Das Erstaunlichste ist, wie stark Pflanzen kooperieren. In welchem Ausmaß dies geschieht, hat man erst in den vergangenen Jahren entdeckt. Und es gibt auf diesem Forschungsgebiet immer wieder Überraschungen.

Akazien warnen ihre Nachbarinnen

Eine Akazienart in Afrika betreibt aktive Nachbarschaftshilfe: Wird eine Pflanze von einem Schädling befallen, beginnt sie damit, Gift in ihren Blättern abzulagern. Für sie selbst kann diese Abwehrmaßnahme schon zu spät kommen. Aber sie gibt über ihre Blätter ein Signal ab, das im Umkreis von fünfzig Metern von anderen Akazien aufgenommen wird. Die beginnen nun ihrerseits Gift einzulagern. Werden sie befallen, sind sie schon für den Abwehrkampf gerüstet.

Pflanzen können durchaus unterscheiden, wer an ihnen herumknabbert. Darauf stimmen sie die Art ihrer Abwehr ab. Darüber hinaus gelingt es einigen Pflanzen, Verbündete für sich einzuspannen. Das gehört ohne Zweifel zu den faszinierendsten Aspekten des „geheimen Lebens der Pflanzen".

Nehmen wir nur ein so braves Gemüse wie den Rosenkohl. Legt ein Kohlweißling seine Eier auf eines der Blätter, so muss er sie festkleben, damit sie nicht herunterfallen. Wie die Berliner Biologin Monika Hilker herausgefunden hat, erkennt der Rosenkohl den Klebstoff und reagiert, noch bevor die Raupen geschlüpft sind: Er verändert seine Blattoberfläche. Dieses neue Muster erregt die Aufmerksamkeit bestimmter Wespen. Die entdecken die Eier des Schmetterlings jetzt viel leichter, stechen mit ihrem Legestachel hinein und legen ihre eigene Brut dort ab. Die Raupen des Kohlweißlings werden von den Wespenlarven gefressen. Der Rosenkohl hat ein Problem weniger.

Die doppelte Verteidigungsstrategie der Limabohne

Gleich zwei Verbündete mobilisiert die Limabohne, eine Kletterpflanze, die in Peru beheimatet ist. Nagt ein Bohnenkäfer oder ein anderer ungebetener Gast an ihren Blättern, sondert sie kleine Nektartröpfchen ab. Damit lockt sie Ameisen an, die zwar keine erklärten Feinde des Bohnenkäfers sind, ihn aber einfach vertreiben, um an den Nektar zu kommen.

Gegen Raupen hilft hingegen ein anderes Mittel: ein Duftstoff, den die Limabohne absondert, um Schlupfwespen anzulocken, die wiederum ihren Legestachel in die Raupen hineinbohren. Das gleiche Vorgehen wie beim Rosenkohl, nur mit einer anderen Wespenart und einem anderen Signal.

Die Nachbarn sind vorgewarnt

Die Nachbarpflanzen nehmen die Signale auf, sie erschnuppern sie und bereiten sich ihrerseits auf den Angriff der Schädlinge vor. So produzieren die benachbarten Limabohnen schon einmal vorsorglich Nektartröpfchen, um das Ameisenheer anzulocken, das den Bohnenkäfer in Empfang nehmen kann. Aber auch Pflanzen anderer Arten reagieren. So haben die Forscher um den Pflanzenökologen Martin Heil beobachtet, dass Chili- und Tabakpflanzen, die neben kranken Limabohnen wuchsen, größere Widerstandskräfte gegen die Keime entwickelten, von denen die Bohne befallen war.

Ressourcen sparen durch Kooperation

Die Vorteile dieser Verteidigungsstrategie: Sie ist variabel, daher nicht so leicht auszurechnen und vor allem sparen die Pflanzen enorme Ressourcen. Es ist weit kostspieliger, Dornen oder Gifte zu produzieren, was beispielsweise die Tabakpflanze tut, die mit dem Nikotin ein starkes Nervengift produziert, das sogar Heuschrecken in die Flucht schlägt. Aber leider nicht den Tabakschwärmer, ein Nachtfalter, der gegen das Nikotin immun ist. Was ihm noch zu einem weiteren Vorteil verhilft: Er lagert das Gift in seinem Körper ab und wird dadurch seinerseits für seine Fressfeinde ungenießbar.

Allerdings gibt es auch eine Schwäche der Kooperationsstrategie: Die Pflanzen sind auf die jeweiligen Helfer angewiesen. Sind die aus irgendeinem Grund nicht verfügbar, bricht auch die Verteidigung zusammen. Manche Pflanzen kooperieren daher besonders eng mit ihren Helfern, bieten ihnen Schutz und Nahrung. Andere gehen genau den entgegengesetzten Weg und rekrutieren ein möglichst breites Spektrum an Helfern.

Warum Weidetiere saftige Pflanzen stehen lassen

Viele Pflanzenfresser halten sich nicht lange bei denselben Gräsern, Kräutern oder Büschen auf. Obwohl noch reichlich Nahrung vorhanden ist, ziehen sie weiter. Der Grund: Die Abwehrmaßnahmen der Pflanzen und Nachbarpflanzen beginnen zu wirken. Je länger die Tiere an einer Stelle weiden, umso mehr Tannine und andere Abwehrstoffe nehmen sie auf. Im Übrigen ist das selektive Abweiden auch im Interesse der Tiere, denn die Pflanzen können sich leichter wieder regenerieren.

Die Stärke der Nachgiebigkeit

Pflanzen reagieren häufig mit zeitlicher Verzögerung. Sie verarbeiten Signale wesentlich langsamer als Tiere, schließlich dauert es sehr viel länger, die Blattstruktur zu verändern als die Krallen auszufahren. Es kommt noch etwas hinzu: Bei besonders aufwändigen Antworten reagieren Pflanzen erst auf das zweite Signal.

Das hat durchaus seine Vorteile, denn es verhindert eine Überreaktion. Wer auf jedes Signal sofort anspringt, gerät schnell in Stress und richtet sich zugrunde. Das erste Signal kann zufällig entstanden sein oder die Gefahr geht schnell wieder vorüber. Dann ist derjenige im Vorteil, der erst gar nicht reagiert hat.

Auf der anderen Seite muss man sich diese Langsamkeit auch leisten können. Eine Staude, die sich phlegmatisch die Blätter abnagen lässt, ehe sie ihren Schutz mobilisiert, fällt der ersten Raupe Nimmersatt zum Opfer. Deshalb haben viele Pflanzen eine zweistufige Reaktion entwickelt. Nach dem ersten Signal bereiten sie ihre Zellen darauf vor, Abwehrstoffe zu produzieren. Geschieht nichts, nimmt auch die Bereitschaft wieder ab. Empfangen sie hingegen ein zweites Signal, können sie wesentlich schneller reagieren.

Zeit gewinnen und sich nicht in die Karten schauen lassen

Solche abgestuften Reaktionen können durchaus auch für Organisationen sinnvoll sein. Nicht sofort reagieren, aber vorbereitet sein, wenn sich die Lage zuspitzt, das scheint vielfach angemessen, denn es schont die Ressourcen. Und die Organisation ist für die Gegenseite schwerer auszurechnen, wenn sie sich von Zeit zu Zeit die Freiheit nimmt, gar nicht zu reagieren.

Die Kunst der Werbung

Pflanzen brauchen aber nicht nur Hilfe, um sich zu wehren. Mindestens genauso dringlich brauchen sie Unterstützung, um sich den Luxus der geschlechtlichen Fortpflanzung leisten zu können. Pflanzen müssen also werben, damit andere für sie die Bestäubung übernehmen. Und diese anderen müssen in aller Regel fliegen können. Es sind Bienen, Schmetterlinge, Hummeln, Käfer, aber auch kleine Vögel und sogar Fledermäuse.

Am Anfang war der Spam

Vor 300 Millionen Jahren gab es diese hilfreichen Wesen noch nicht. Also mussten sich die Pflanzen auf ihren alten Verbündeten, den

Wind, verlassen. Wenn alles gut ging, wehte er die Pollen zu einem Artgenossen hinüber. Der Nachteil dieser Art von Befruchtung ist natürlich, dass in der Natur nur selten alles gut geht. Die Wahrscheinlichkeit eines Volltreffers ist sehr gering. Die Botaniker beziffern ihn auf ungefähr eins zu einer Million.

Doch wer keine Alternativen hat, der muss bei dieser Lotterie eben mitspielen und die Anzahl der Lose erhöhen. Denn wer nicht gewinnt, bleibt ohne Nachkommen und scheidet aus dem Spiel des Lebens aus. So verschicken Gräser, aber auch Bäume wie Ahorn, Kiefer oder Birke zu bestimmten Zeiten massenhaft Pollen, was den Allergikern jedes Mal die Tränen in die Augen treibt. Für die Pflanzen ist dies ein aufwändiges, aber lohnendes Geschäft. Denn das Prinzip der großen Zahl führt letztlich zum Fortpflanzungserfolg.

Bezogen auf das Thema Werbung lässt sich sagen: Die Pflanzen haben das „Spamming" erfunden; das massenhafte Versenden billiger Botschaften, die in 99,99 Prozent der Fälle ungelesen im Papierkorb landen. Aber mit den 0,01 Prozent, die ihr Ziel erreichen, lassen sich noch immer gute Geschäfte machen.

Die verführerischen Blüten

Es gibt ungefähr 270.000 Arten von Blütenpflanzen, in allen möglichen Farben und Formen, mit den unterschiedlichsten Düften. Sie alle haben ein Ziel: Sie möchten Tiere anlocken, die für sie die Bestäubung übernehmen. Dabei bedienen sie sich unterschiedlichster Strategien, die auch für uns von großem Interesse sind.

Zunächst einmal ist es erstaunlich, wie anziehend die Blüten auch auf Wesen wirken, die gar nicht zur „Zielgruppe" gehören. So wie wir. Auch wir sind empfänglich für die Farben, Formen und vor allem die Düfte. Der französische Botaniker Jean-Marie Pelt hält die Pflanzen in dieser Hinsicht den Tieren für weit überlegen. Ihr Duft kann eine geradezu universelle Wirkung entfalten.

Aphrodisiakum für Insekten

Jean-Marie Pelt berichtet von männlichen Insekten, die bestimmte Duftstoffe von den Pflanzen sammeln, um ihre Weibchen damit zu verführen. In Brasilien etwa gibt es eine Orchideenart, die nach Menthol duftet. Einzelnen männlichen Insekten dient ihr Duft dazu, das Liebeslager zu markieren. Und im Orient soll es laut Pelt eine Fliege geben, deren Männchen den Duft von Apfelblüten dazu nutzt, das Weibchen vor dem Akt zu parfümieren.

Auffallen um jeden Preis

Doch dient die verschwenderische Blütenpracht nicht dem reinen Vergnügen. Vielmehr handelt es sich um eine grandiose, höchst aufwändige Werbemaßnahme, die sich aber gleichwohl rechnet. Denn sie führt dazu, dass Insekten oder andere Blütenbesucher heranschwirren und die Pollen überbringen.

Die kommen nicht, weil es hier so schön ist, sondern weil es Nektar zu schlürfen gibt. Dabei sind die Blüten sehr raffiniert geformt: Um an den Nektar zu kommen, müssen sich die Besucher so bewegen, dass sie den Pollen aus den Staubgefäßen aufnehmen. Zugleich kommt der Pollen, den sie von anderen Pflanzen mitgebracht haben, mit dem Stempel in Berührung, in dem sich die weiblichen Zellen befinden.

Dabei konkurrieren die Pflanzen um die Aufmerksamkeit möglicher Blütenbesucher. Sie müssen auffallen – durch ihre Färbung und ihren Geruch. Nun nehmen Insekten die Welt entschieden anders wahr als wir. Das Spektrum der Farben, die sie sehen können, unterscheidet sich von dem unsrigen. Rot können die wenigsten wahrnehmen. Dafür Gelb, Grün, Blau und Ultraviolett. Der britische Wissenschaftsjournalist Jonathan Drori hat Aufnahmen von diversen Blüten farblich so gefiltert, dass wir einen Eindruck bekommen, wie sie auf Insekten wirken. Das Ergebnis ist faszinierend: Die Blüten heben sich viel stärker von ihrer Umgebung ab.

Verkehrsleitsystem in der Blüte

Auch innerhalb der Blüte ist das richtige Farbdesign wichtig: So erleichtern einige Pflanzen den Besuchern die Orientierung. Sie markieren den Landeplatz und leiten von dort mit kleinen Streifen zum Nektar hin.

Kundenbindung für Blumen

Nicht alle Pflanzen sind bestrebt, von möglichst vielen Insekten angeflogen zu werden. Denn es nützt ihnen ja wenig, wenn ihre Pollen in der Natur möglichst breit gestreut werden. Sie können sich ja nur mit ihresgleichen fortpflanzen. Daher sprechen gerade Pflanzen, die nicht so häufig vorkommen, lieber einen exklusiven „Kundenkreis" an, auf dessen Bedürfnisse sie sich in der Hoffnung einstellen, ganz gezielt von ihnen angeflogen zu werden. So formen manche Pflanzen ihre Blüten so, dass nur die Vertreter einer bestimmten Art an den Nektar herankommen. Doch es gibt noch ausgeklügeltere Methoden, von denen sich manche Luxusmarke etwas abschauen könnte.

Pollen nur für Pelzbienen

In Südafrika ist eine Enzianart beheimatet, die sich nur von kleinen Pelzbienen bestäuben lässt. Dabei bietet der Enzian keinen Nektar an, sondern seinen Pollen, der auch gerne genommen wird. Der entscheidende Punkt: Nur die Pelzbiene kommt an ihn heran. Und das geht so: Wenn sie landet, bewegt die Biene weiterhin ihre Flügel. Dadurch erzeugt sie einen Ton, der genau die richtige Frequenz hat, um den Staubbeutel zu öffnen.

Andere Pflanzen richten sich in einer sehr speziellen „Marktnische" ein. Etwa der Aronstab, der einen intensiven Geruch nach fauligem Fleisch ausströmt. Der Besuch von allen Schmeißfliegen der Umgebung ist ihm sicher. Seine Blüte wird auch „Fliegenkesselfalle" genannt. Denn die angelockten Aasliebhaber werden erst einmal eingesperrt und mit dem Fruchtstempel in Berührung gebracht, ehe sie in die Freiheit entlassen werden. Andere Pflanzen nehmen die weinrote Farbe verwesenden Fleisches an und lassen sich Haare wachsen, die an Tierfell erinnern.

Den Sättigungseffekt vermeiden

Die Natur hat es so eingerichtet, dass die Besucher auf einer einzelnen Blüte nur einen winzigen Bruchteil des Nektars bekommen, den sie am Tage benötigen. Das spart nicht nur Ressourcen, sondern auf diese Weise können sie auch sicherstellen, dass die Blütenbesucher fast den ganzen Tag damit beschäftigt sind, Tausende von Blüten anzufliegen und auszusaugen.

Man kann es gar nicht dick genug unterstreichen: Die Blütenpflanzen wenden erhebliche Mittel für ihre Werbung auf. Den richtigen Duft herzustellen, für ausreichend Nektar zu sorgen, für Pollen und die üppigen farbigen Blütenblätter, all das verschlingt beträchtliche Ressourcen. So gesehen haben diese Gewächse einen stolzen Werbeetat. Gleichzeitig gehören die Blütenpflanzen zu den erfolgreichsten Vertretern in Wald und Flur. Auf menschliche Verhältnisse übertragen muss man sagen: Wirksame Werbung hat ihren Preis. Aber natürlich ist kostspielige Werbung nicht immer erfolgreich.

Evolution in Natur und Wirtschaft

Die Pflanzen waren vor den Tieren da; sie haben auch vor den Tieren das Land besiedelt. Sie haben ihnen buchstäblich den Boden bereitet. Wie alle Organismen unterliegen die Pflanzen der Evolution. Im Laufe der vielen hundert Millionen Jahre haben sie sich durch Variation und

Selektion weiterentwickelt, von den Algen, Farnen, Nadelbäumen, Laubbäumen bis zu den Blumen. Die Vielfalt ist bei den Pflanzen gewiss größer als im Tierreich.

Nun sind die meisten Gartengewächse das Ergebnis von Züchtung und damit von menschengemachter, künstlicher Evolution. Das ändert aber nichts am Grundprinzip. Variation und Selektion gibt es auch hier. Ja, wenn der Mensch seine Hand im Spiel hat, beschleunigt sich die Entwicklung noch erheblich. Die Frage ist dann nur, in welche Richtung sie getrieben wird. Allerdings hat auch bei den Kulturpflanzen die Natur noch ein Wörtchen mitzureden. Nicht nur weil sie das „Ausgangsmaterial" zur Verfügung stellt, sondern auch weil Kulturpflanzen überlebensfähig sein müssen. Das steht häufig dann in Frage, wenn Pflanzen gezielt auf ein bestimmtes Merkmal hin gezüchtet werden.

Komplexität macht erfinderisch

Wie bei den Tieren, so gibt es auch in der Evolution der Pflanzen einen gewissen Trend zu mehr Komplexität. Allerdings gibt es auch immer wieder gegenläufige Entwicklungen, Vereinfachungen oder die Rückbildung von Strukturen, die eben erst aufgebaut worden sind.

Immer wieder kommt es zu einem massenhaften Aussterben, auch bei den Pflanzen. Zugleich gibt es aber auch Organismen, die seit mehr als hundert Millionen Jahren unverändert geblieben sind. Dabei handelt es sich um sehr einfache Wesen. Alles, was komplex ist, muss sich verändern, oder aber es verschwindet.

Wir müssen sehr deutlich unterscheiden zwischen dem laufenden evolutionären Druck, sich anzupassen – der kann auch dazu führen, dass die eine oder andere Pflanze aussortiert wird – und den Phasen des Massenaussterbens. In denen räumen nämlich gerade diejenigen Organismen das Feld, die zuvor extrem gut angepasst waren. Mit den neuen Verhältnissen kommen sie am wenigsten zurecht, vor allem, wenn es sich um komplexe Wesen handelt.

Die Zeit der Innovationen

Pflanzen haben eine Vielzahl von Innovationen hervorgebracht, darunter einige, um die wir sie beneiden könnten. So sind etliche Pflanzen in der Lage, ihre Entwicklung extrem zu verlangsamen oder hinauszuschieben. Das Samenkorn keimt erst, wenn die Bedingungen günstig sind. Das wäre ungefähr so, als könnten wir nach der Befruchtung den Zeitpunkt der Geburt noch festlegen. Der Botaniker Jean-Marie Pelt hat es so formuliert: „Das Tier ändert seine Umgebung, während die Pflanze so lange wartet, bis sich seine Umgebung ändert."

Eine weitere Fähigkeit, in der Pflanzen uns voraus sind, haben wir im vorigen Abschnitt erwähnt: Es ist der differenzierte, ja virtuose Umgang mit dem eigenen Geruch, weit über die Grenzen der eigenen Art hinweg.

Schließlich sollte noch die extreme Langlebigkeit erwähnt werden: Bäume können Hunderte, im Extremfall Tausende von Jahren alt werden. Da können die Schildkröten einpacken. Allerdings verdankt sich ihr hohes Alter auch dem Umstand, dass große Teile der Pflanze eingehen können, ohne die Lebensfähigkeit der anderen Teile zu gefährden. Das unterscheidet Tiere und Pflanzen fundamental.

Was sie wiederum verbindet, ist die Tatsache, dass alle evolutionären Fortschritte nach einem Massenaussterben stattgefunden haben. Eine Katastrophe räumt die Bühne frei, Tiere und Pflanzen haben erst einmal Gelegenheit, wild herumzuexperimentieren. Die Vielfalt der Lebensformen steigt nach einem Massenaussterben erst einmal stark an. Nach einer Phase der „Marktbereinigung" setzen sich die vielversprechendsten Exemplare durch, die unter den neuen Bedingungen am besten zurechtkommen. Nicht selten sind das die Looser von gestern, die plötzlich unerwartete Qualitäten entfalten und für eine lange Zeit dominieren können – bis sie zur Überraschung aller plötzlich verschwinden und den Platz freimachen für seltsame Organismen ganz anderer Art.

Die Evolution von Unternehmen

Nicht nur Organismen, sondern auch Organisationen durchlaufen einen evolutionären Prozess. Das ist die zentrale These des evolutionären Managements. Sie hat einiges für sich. Denn auch bei Organisationen entdecken wir Variation (es gibt ganz unterschiedliche Arten von Organisationen) und Selektion (einige Organisationen verschwinden, andere überleben). Auch hier finden wir solche Phänomene wie Ko-Evolution: Nicht nur die Organisation verändert sich, sondern auch diejenigen, mit denen die Organisation hauptsächlich zu tun hat. Und schließlich lässt sich die Evolution der Organisation nur sehr bedingt steuern: Sie folgt ihrem evolutionären Pfad und kann niemals bei Null anfangen.

Vermutlich ist die Evolution der Pflanzen für Unternehmen und andere Organisationen sogar ein besseres Modell als die Evolution der Tiere. Denn Pflanzen sind ähnlich lose gekoppelt wie Organisationen. Wenn ein Teil ausfällt, bedeutet das nicht gleich den Tod. Als geübter Gärtner können Sie Teile einer Pflanze auf den Stamm einer anderen „aufpfropfen". Auf diese Weise ist es möglich, dass an einem Obstbaum ganz unterschiedliche Früchte wachsen. Ein Konzept, das manchen Unternehmen sehr vertraut vorkommen dürfte.

Evolutionäres Management versucht den Blick dafür zu öffnen, dass ein Unternehmen in ein ganzes Geflecht von Entwicklungen eingebettet ist. Heute sehen Unternehmen ganz anders aus als noch vor zehn, zwanzig oder hundert Jahren. Es gibt bestimmte Traditionen, die sich verfestigt haben und die uns sagen, wie Unternehmen funktionieren. Die Mitarbeiter richten sich darauf ein, die Kunden ebenso wie Zulieferer und die Öffentlichkeit.

Zugleich gibt es immer wieder Veränderungen, zum Teil dramatische Veränderungen: Unternehmen verschwinden vom Markt, andere haben beispiellosen Erfolg und werden sofort kopiert. Mittlerweile hat sich aber der gesamte Markt verändert, sodass womöglich diejenigen besser fahren, die genau diese Veränderung nicht mitmachen, sondern „sich treu bleiben".

Schließlich prägt die Vorgeschichte eines Unternehmens sehr stark die weitere Entwicklung. Das heißt keineswegs, dass sich ein Unternehmen nicht verändern könnte. Nur findet diese Veränderung immer vor dem Hintergrund der Vorgeschichte statt. Ein Unternehmen, das ständig mit der eigenen Vergangenheit bricht, hat eine völlig andere Identität als eines, das beharrlich seiner Spur folgt.

Mit Zuversicht aus der Krise

Ein Unternehmen, das in der Vergangenheit eine Umstrukturierung gut bewältigt hat, wird von dieser Erfahrung profitieren. Die Zuversicht, es ein weiteres Mal zu schaffen, ist weit größer, als wenn diese Erfahrung fehlt – auch wenn jetzt völlig andere Personen die Verantwortung tragen.
Umgekehrt können Ereignisse aus der Vergangenheit die Kräfte auch lähmen: Damals ist man mit den Mitarbeitern unfair verfahren. Die heutige Führung braucht gute Argumente, die Mitarbeiter davon zu überzeugen, dass es diesmal anders kommt.

Evolutionäre Psychologie

Die evolutionäre Perspektive lässt sich noch ein wenig weiter treiben. So versucht die evolutionäre Psychologie zu ergründen, wie wir in unserem Verhalten durch unser evolutionäres Erbe vorgeprägt sind. In der Art, wie wir denken, (Fehl-)Entscheidungen treffen und – für unser Thema besonders interessant – die Art, wie wir in Gruppen und Organisationen zusammenarbeiten.

Menschen sind soziale Wesen und geradezu darauf geeicht zusammenzuarbeiten – und zwar in kleinen, überschaubaren Gruppen mit sechs bis zwölf Mitgliedern. Mit einer solchen Konstellation können wir am besten umgehen.

Die magische 150er-Grenze

Der britische Anthropologe Robin Dunbar hat die These aufgestellt, dass unsere kognitive Kapazität nur bis zu einer Grenze von 150 Personen reicht, um sie als Individuen einzuordnen. Also, ihren Namen zu kennen und die wichtigsten Beziehungen untereinander zu erfassen: Wer gehört zu wem? Wer ist befreundet, verfeindet? Jenseits dieser Grenze müssen wir Personen zusammenfassen: Die Leute aus dem Marketing (egal, mit wem ich zu tun habe), die Tochterfirma in Shanghai. Die 150er-Grenze wird auch als „Dunbar-Zahl" bezeichnet; man nimmt an, dass eine menschliche Gemeinschaft zur Zeit der Jäger und Sammler maximal 150 Personen umfasste. Daher können wir bedeutungsvolle Beziehungen nur zu maximal 150 Personen aufrechterhalten.

Menschen wollen geführt werden

Zu unserer evolutionären Grundausstattung gehört auch die Bereitschaft, sich führen zu lassen. Das mag die eine oder andere Führungskraft überraschen, weil sie doch tagein, tagaus gegen Widerstände kämpft. Die Antwort der evolutionären Psychologie lautet: Dann macht sie etwas falsch.

Denn grundsätzlich sind Menschen durchaus gewillt, anderen zu folgen, wie Mark van Vugt betont, Professor für Psychologie an der Universität von Amsterdam. Vor allem in Fragen, in denen wir selbst unsicher sind, neigen wir fast instinktiv dazu, nach jemandem Ausschau zu halten, dem wir uns anschließen können.

Zumindest in Situationen, die nicht durch eine Hierarchie vorstrukturiert sind, werden Führungskräfte auch „gemacht". Eine entscheidende Rolle fällt dabei den „first followers" zu, also denjenigen, die sich als erste jemandem anschließen und ihn dadurch erst zur Führungsfigur machen.

Wer entschieden die Richtung vorgibt, zieht andere mit
Häufig schließen sich die „first followers" demjenigen an, der mit großer Entschiedenheit auftritt. In der irrigen Auffassung, dass sich derjenige am besten
auskennt. Tatsächlich ist oft das Gegenteil der Fall. Die echten Experten zögern
und kennen auch gute Argumente für die anderen Positionen. Lassen Sie sich also
nicht von allzu viel Selbstsicherheit blenden und kehren Sie selbst mögliche
Zweifel nicht zu stark nach außen, wenn Sie möchten, dass man Ihnen folgt.

Führungs- oder Randfigur

Entschiedenheit und Meinungsstärke allein genügen jedoch nicht.
Tatsächlich können Sie sehr schnell zur Randfigur werden und sich
isolieren, wenn Ihre Position zu stark von den Gruppennormen ab-
weicht. Und/oder wenn Sie einen Konkurrenten haben, der nicht weniger entschieden auftritt, aber mehr „first follower" auf seine Seite
zieht.

Was die Gruppennormen betrifft, so dauert es eine Weile, ehe sie sich
bilden. Daher entfalten meinungsstarke Exzentriker die größte Wirkung, wenn sie sehr früh das Ruder an sich reißen. Allerdings geht eine
solche Führungsfigur ein Risiko ein: Glaubt die Gruppe später auf dem
Holzweg zu sein, verstößt sie so jemanden sehr schnell. Allerdings nur,
wenn jemand aus der Gruppe den ersten Schritt macht.

Gute Führungskräfte haben einen Gegenspieler
Zahlreiche Experimente aus der Sozialpsychologie belegen es: Gruppen tendieren
zur Konformität. Gibt der Chef der Gruppe etwas vor, dann neigt sie dazu, sich
dem unterzuordnen. Sogar wenn es leise Zweifel an der Richtigkeit gibt, stimmen
die Gruppenmitglieder zu. Die Lage ändert sich jedoch, wenn jemand den Mumm
hat, diesen Zweifeln Ausdruck zu geben. Dann kann sich augenblicklich das Blatt
wenden und der Chef die Mehrheit gegen sich haben. Daher ist es für die Gruppe
gut, wenn ihr Chef in der Gruppe einen Gegenspieler hat, der ihm genau auf die
Finger schaut und zu widersprechen wagt.

Die zwei Seiten unserer evolutionären Prägung

Wenn wir uns mit dem evolutionären Erbe beschäftigen, können wir
daraus einen doppelten Nutzen ziehen:

- Wir lernen unsere Stärken besser verstehen und ziehen daraus größeren Nutzen, z. B. indem wir kleine Gruppen bilden.

- Wir werden auf unsere Schwächen und „blinde Flecke" aufmerksam, die wir ausgleichen sollten. Denn nicht alles, was in früheren Zeiten vorteilhaft war, ist heute noch wünschenswert.

Was den zweiten Punkt betrifft, so fällt darunter eine zutiefst irrationale Vorliebe für (auch körperlich) starke Männer. Die evolutionären Psychologen um van Vugt haben diese Neigung bis in die Gesichtszüge hinein dingfest gemacht. Wir sind eher bereit, Menschen mit kantigen Gesichtern zu folgen als solchen mit runden und weichen Zügen.

Das Ungute dabei: Diese Tendenz scheint sich in Krisenzeiten zu verstärken. Wenn sich die Gruppenmitglieder bedroht fühlen, dann wollen sie am liebsten jemanden an der Spitze haben, der stark, hart und rücksichtslos wirkt. Das ist natürlich fatal, denn gerade wenn sich ein Konflikt anbahnt, wäre jemand an der Spitze zu wünschen, der auf Ausgleich und Verständigung setzt.

Um keine Missverständnisse aufkommen zu lassen: Die Menschen wollen von jemandem geführt werden, den sie für gut halten, der seine Leute fair behandelt und ihnen Freiräume gestattet. Im Ergebnis leisten solche Gruppen auch mehr. Aber es gibt eben diese irrationale und zutiefst schädliche Tendenz, die wir uns klar machen müssen – gerade wenn wir an einer besseren Führungskultur interessiert sind.

Fairness darf kein Karrierehindernis sein

Eine der wichtigsten Eigenschaften, die Führungskräfte brauchen, ist Fairness. Mitarbeiter leiden unter Vorgesetzten, die unfair sind. Die können eine ganze Abteilung zugrunde richten und noch ihrem Nachfolger das Leben schwer machen. Das ist auch keineswegs unbekannt. Und doch gibt es diese uneingestandene Tendenz, im Zweifel den Rabauken den Vorzug zu geben, wenn es eine Führungsposition zu besetzen gilt. Zu diesem Schluss kommt die Managementforscherin Batia M. Wiesenfeld, die eindringlich dafür plädiert, dieser fatalen Tendenz ganz bewusst entgegenzuwirken. Denn der Effekt tritt ja vor allem deshalb auf, weil ihn sich die Betreffenden nicht eingestehen wollen.

Der demokratische Affe

Bedenklichen Tendenzen sollten wir entgegenwirken. So zum Beispiel auch jeder Verklärung einer Führungsfigur zum Idol. Aber es gibt auch ein evolutionäres Erbe, an das wir anknüpfen können. Mark van Vugt verweist in diesem Zusammenhang auf die kleinen Gemeinschaften zur Zeit der Jäger und Sammler. So weit die evolutionären Psychologen das rekonstruieren können, gab es in diesen Gemeinschaften sehr wohl Anführer und Gefolgsleute. Aber die Führungsrolle blieb nicht in einer Hand. Vielmehr schien sie gewechselt zu haben. Für unterschiedliche Bereiche gab es unterschiedliche Anführer. Je nachdem, wer sich in der fraglichen Angelegenheit am besten auszukennen schien.

Ein zweiter Punkt kommt hinzu: Der jeweilige Anführer hatte keine besonderen Privilegien. Er sollte weise und wohlwollend sein und er stand in unmittelbarem Kontakt zu seinen Gefolgsleuten.

Dieses Modell, das die Anthropologen aus dem Verhalten heutiger Jäger- und Sammlergesellschaften abgeleitet haben, soll gewissermaßen an der Schwelle zur Menschwerdung gestanden haben. Mark van Vugt spricht deshalb auch vom „demokratischen Affen", der mit dieser Teilung von Macht den entscheidenden Überlebensvorteil hatte. Vielleicht sollten wir uns in unserem „postheroischen Zeitalter" auf diese Tradition besinnen und ein wenig wieder zu „demokratischen Affen" werden.

Gartengespräch mit Klaus-Stephan Otto

Von der Natur lernen, ist sein Credo. Dr. Klaus-Stephan Otto ist Experte für Evolutionsmanagement. Seit mehr als 30 Jahren begleitet der promovierte Psychologe Unternehmen und Non-Profit-Organisationen in ihrer evolutionären Entwicklung. Er ist Geschäftsführer von Dr. Otto Training und Consulting sowie der EVOCO GmbH, die sich ganz auf die Vermittlung von evolutionärem Management spezialisiert hat. Dr. Otto ist Buchautor und gefragter Vortragsredner. Im Darwin-Jahr 2009 organisierte er die zweitägige Konferenz „Darwin meets Business. Ein neues Wirtschaften – von der Natur lernen" an einem ganz besonderen Ort, im Botanischen Garten in Berlin.

Herr Dr. Otto, welche Beziehung haben Sie zu Gärten?

Otto: „Wir haben einen sehr großen Garten. Ich bin sehr gerne darin, ich erlebe es als sehr entspannend, an den Pflanzen rumzufriemeln. Gleichzeitig sage ich mir manchmal: Oh Gott, es macht ja so viel Arbeit. Unser Garten befindet sich am Waldrand, und wenn dann die Wildschweine kommen und den Garten umpflügen, dann sehne ich mich manchmal nach einer Etagenwohnung.

Aber insgesamt finde ich es eine sehr schöne Art, Welt zu gestalten. Ich merke auch, dass ich mich Pflanzen nahe fühle. Manchmal denke ich sogar, dass ich mich Pflanzen näher fühle als Tieren."

Welche Art von Garten gefällt Ihnen besonders? Und warum?

Otto: „Mir gefallen verschiedene Arten von Gärten. Zum Beispiel ein Garten, der nicht besonders akkurat gepflegt ist, sondern dem man ansieht: der wächst auch selbst, der entwickelt sich auch von allein. Aber man sieht trotzdem eine Ordnung. Ein Garten, in dem menschliches Gestalten und die Kräfte der Natur zusammenspielen.

Und dann liebe ich Zen-Gärten. Die Darstellung der großen Welt im Kleinen. Diese Idee finde ich sehr faszinierend. Auch das Nachahmen von Landschaften gefällt mir. Einen Garten, der nur platt und eben ist, finde ich langweilig."

Sprechen wir weiter von den Kräften der Natur. Was versteht man unter evolutionärem Management?

Otto: „Evolutionäres Management heißt, von der Natur und von der Evolution für das Management und das Wirtschaften zu lernen. Dabei begreifen wir Management als Teil einer evolutionären Entwicklung. Zugleich ist es auch Teil der menschlichen Kultur, die gestaltet wird. Aber auch die menschliche Kultur unterliegt den Gesetzen der Evolution.

Evolutionäres Management arbeitet nicht gegen die Natur, sondern macht sich die Gesetzmäßigkeiten der Natur und der Evolution für die Steuerung von Unternehmen nutzbar. Und zwar so, dass es die Natur nicht zerstört, sondern in ihrer Entwicklung unterstützt und damit auch die Biodiversität auf dieser Erde erhalten wird."

Können Sie das vielleicht an einem Beispiel illustrieren?

Otto: „Ich glaube, es gibt ein Umdenken. Es reicht nicht mehr, das einzelne Unternehmen isoliert zu betrachten, sondern es ist Teil eines Ökosystems. So hat Stephen Elop, der Chef von Nokia, kürzlich an seine Mitarbeiter geschrieben: ‚Unsere Wettbewerber nehmen uns nicht über ihre Geräte Marktanteile ab, sie nehmen sie uns mit einem kompletten Ökosystem ab.'

Das heißt, die Krise von Nokia hängt damit zusammen, dass die Wettbewerber, zum Beispiel Apple, dem Kunden nicht ein einzelnes Gerät verkaufen, sondern ein ganzes System. In dem sind die unterschiedlichsten Menschen und Unternehmen miteinander vernetzt, Entwickler, Künstler, Ingenieure. Heute kann sich ein Unternehmen nur dann langfristig behaupten, wenn es sich in ein Ökosystem eingliedert und eine gute Mischung von Geben und Nehmen aufrechterhält."

Warum sollte man evolutionäres Management betreiben? Wo liegen die Stärken dieser Methode?

Otto: „Vielleicht hängen die mit den Schwächen der bisherigen Methoden zusammen. Die traditionellen linearen Planungsinstrumente helfen heute einfach nicht mehr weiter. Das ist in der Krise noch einmal sehr deutlich geworden. Die traditionelle Prognostik hat nicht funktioniert. Die Volatilität der Märkte hat enorm zugenommen. Deswegen brauchen wir evolutionäre Planungsinstrumentarien, die solche Ausschläge besser erfassen, Zufallsereignisse integrieren können und abbilden, was da so passiert."

Die Evolution verfolgt kein Ziel. Sie lässt sich auch nicht steuern. Oder doch?

Otto: „Richtig, die Evolution verfolgt kein Ziel. Gleichzeitig gibt es aber eine Entwicklung zu immer mehr Komplexität. Vom Einzeller über die Fische, Amphibien, Reptilien zu den Säugetieren.

Es stimmt, die Evolution lässt sich nicht steuern. Gleichzeitig wollen wir aber die Entwicklung gestalten, deren Teil wir gerade sind. Evolutionäres Management heißt gutes Austarieren von dem, was gestaltbar ist, und dem, was passiert, ohne dass wir darauf Einfluss haben.

Ein gutes Beispiel ist für mich die Lufthansa, wie sie auf den 11. September reagiert hat, also den Anschlag auf das World Trade Center. Das Ereignis konnte Lufthansa nicht beeinflussen. Aber die Art, wie sie mit der daraus folgenden Krise der Luftfahrt umgegangen ist, das war sehr erfolgreiches Management."

Gilt in der Natur nicht das Recht des Stärkeren? Wirft evolutionäres Management Unternehmensethik über Bord? Oder gibt es gar eine eigene, evolutionäre Ethik?

Otto: „Das Recht des Stärkeren wird bei Darwin sehr stark betont. Neuere Biologen heben eher die Bedeutung von Kooperation und Symbiose hervor. Es gibt beide Prinzipien in der Natur, Konkurrenz und Kooperation. Interessant ist, dass die Entwicklung zu mehr Komplexität mit Kooperation und Symbiose verbunden ist.

Mehrzeller sind entstanden, weil sich Einzeller zusammengeschlossen haben.

Wenn man das auf die Wirtschaft überträgt, dann ist es wichtig, dass es beides gibt, Konkurrenz und Kooperation. Unternehmen können von der Natur viel über Symbiose lernen. Gleichzeitig aber darf man Konkurrenz nicht verdammen, die so etwas wie die Triebkraft in der evolutionären Entwicklung ist.

Ich glaube, es ist unsere kulturelle Aufgabe als Menschen, die Kooperationsformen weiterzuentwickeln, die Formen der Konkurrenz zu humanisieren. Und das wäre dann so etwas wie evolutionäre Ethik.“

Wie gehen Sie vor, wenn Sie ein Unternehmen beraten?

Otto: „Wir verstehen es als unsere Aufgabe, Unternehmen in ihrer evolutionären Entwicklung zu begleiten. Zu gucken: An welchem Punkt sind sie? Und welche evolutionäre Entwicklung steht für sie an? Dazu ist es wichtig zu untersuchen, wo sie herkommen. Was ist ihre Geschichte? Was sind ihre Stärken? Wir analysieren gemeinsam, wie sich die Umwelt des Unternehmens verändert. Was passiert in ihrer Branche? Welche Anpassungen sind notwendig, um das Überleben des Unternehmens abzusichern? Wir arbeiten mit den Angehörigen des Unternehmens die evolutionären Entwicklungslinien heraus und stellen sie dar.

Ein sehr wichtiges Thema für uns ist auch die Schwarmintelligenz. Wir versuchen Unternehmen zu befähigen, die Kompetenzen ihrer Mitarbeiter noch besser zum Wohl des Unternehmens einzusetzen. Ein gutes Unternehmen lebt nicht von der Klugheit des Chefs, sondern von der Klugheit der gesamten Belegschaft.“

Greifen Sie auch Anregungen aus dem Pflanzenreich auf?

Otto: „Oh ja. Wir haben einen Evolutionsgarten, den wir bei unseren Workshops nutzen. Eine Station darin sind Buche und Bambus. Buche als Baum, Bambus als eine Grasart. Beide Pflanzen gehen unterschiedlich mit Flexibilität um. Der Bambus ist biegsam und flexibel, die Buche hat einen mächtigen Stamm und zeichnet sich durch Standfestigkeit aus. Das gibt uns Gelegenheit, darüber nachzudenken, was in einer bestimmten Managementsituation wichtiger ist: Flexibilität oder Standfestigkeit?

Dann haben wir Weintrauben im Garten. An dieser Station geht es um das Thema Ernten. Dass man etwas pflanzt, dass etwas wächst.

Dass irgendwann Früchte da sind, und man diese Früchte auch richtig ernten muss."

Wie erntet man denn richtig? Als Unternehmen? Oder als Führungskraft?

Otto: „Nehmen wir meinen eigenen Fall: Ich liebe es, Produkte zu entwickeln. Und ich bin dauernd dabei, neue Produkte zu entwickeln. Dabei vernachlässige ich manchmal Produkte, die wir entwickelt haben. Die muss ich ja auch anbieten und auf dem Markt verkaufen. Ein gutes Produkt muss ja immer wieder an den Kunden gebracht werden. Das heißt, etwas, das wir gepflanzt und jahrelang gepflegt haben, müssen wir dann auch ernten.

So etwas gibt es auch auf individueller Ebene: Manche Menschen machen immer wieder Fortbildungen, Ausbildungen, erwerben Kenntnisse und Fähigkeiten, die sie dann aber nicht einsetzen, nicht die Früchte ihrer Erkenntnisse ernten."

Gibt es weitere Anregungen aus dem Pflanzenreich?

Otto: „In unserem Evolutionsgarten haben wir auch einen Gingkobaum. Das ist einer der ältesten Bäume überhaupt. Und der hat ohne allzu große Veränderungen mehrere hundert Millionen Jahre überlebt.

Auch dieser Aspekt ist wichtig: Wir leben in einer Zeit, in der sehr viele Veränderungen stattfinden. Gleichzeitig müssen sich die Unternehmen aber auch fragen: Was wollen wir bewahren? Was brauchen wir nicht zu verändern? Nehmen Sie den Leibniz-Keks. Der hat sich in seiner Form und Zusammensetzung über die Jahrzehnte so gut wie überhaupt nicht weiterentwickelt. Dennoch ist er erfolgreich.

Weitere Anregungen aus dem Pflanzenreich, die ich sehr interessant finde, betreffen Werbung und Marketing. Pflanzen können sich ja nicht fortbewegen. Deshalb haben Pflanzen zwei Fähigkeiten besonders gut entwickelt, sogar noch besser als die Tiere. Sie sind erstens in der Lage, ihre Samen in großer Zahl zu verbreiten, teilweise über Hunderte von Kilometern und sie verstehen es zweitens, Insekten anzulocken, über die Formen und Farben der Blüten und ihren Duft. Von dieser unendlichen Varianz können Unternehmen viel für ihr Marketing lernen.

Können Führungskräfte auch etwas vom Gärtner lernen?

Otto: „Ja, wenn wir vorhin davon gesprochen haben, dass es darum geht, das Unvorhergesehene und Nichtbeeinflussbare zu managen, dann ist der Gärtner derjenige, der in die Evolution eingreift, sie managt: indem er Pflanzen züchtet, sie beschneidet, sie in bestimmten Böden aussät, sie wässert.

Im Grunde genommen ist der Garten ein Beispiel dafür, wie man in einem eingegrenzten Bereich versucht, evolutionäre Entwicklung zu gestalten. Insoweit kann der Manager vom Gärtner sehr viel lernen."

Im Waldgarten: Nachhaltig führen

„Wenn ich jetzt einen Garten anlege, dann weiß ich, dass vielleicht erst in zehn Jahren das innere Bild meiner Erwartung verwirklicht ist." – Ernst Pöppel, Hirnforscher

Wald und Garten scheinen zwei grundverschiedene Flecken Erde zu sein. Einen Wald denken wir uns ohne Zaun, weitläufig, eher dunkel und ein wenig unaufgeräumt. Im Wald gibt es Auszujätendes wie Unkraut nicht, da hat man es gleich mit aggressiven Rostpilzen, Parasiten und Baumwürgern zu tun. Und doch gibt es ihn, den Waldgarten: in Parkanlagen und großzügig bemessenen Anwesen. Denn für einen Waldgarten braucht man vor allem eines: viel Platz.

Dabei ist ein Waldgarten von seinen Ausmaßen allenfalls ein Wäldchen. Was ihn von einem echten Wald unterscheidet, das ist der Gärtner, der sich um den Waldgarten kümmert, Wege anlegt, besondere Büsche und Gräser pflanzt, einen Wasserlauf anlegt und was ihm sonst noch einfällt. Auch wenn er Unterstützung hat, so bleibt das Areal, das er gestaltet, in aller Regel überschaubar. Allerdings darf sich der Waldgärtner auch nicht zu sehr um seine Pflanzen kümmern. Es ist ja gerade das Naturwüchsige, das in einem Waldgarten Platz finden soll: knorrige Bäume mit Charakter, bemooste Steine, Totholz, solche Sachen.

Einen richtigen Waldgarten legt man nicht an, man übernimmt ihn und gestaltet ihn allenfalls um. Denn er wird ja erst durch einen Baumbestand zum Waldgarten, der dort schon einige Jahre, besser Jahrzehnte, seine Wurzeln ins Erdreich gräbt. Die Bäume sind es, die darüber entscheiden, was hier sonst noch wachsen kann.

Was vom Sonnenlicht und Wasser übrig bleibt

Ein stattlicher Baum mit ansehnlicher Krone lässt nur wenig Sonnenlicht durch. Zugleich ziehen seine Wurzeln sehr viel Wasser aus dem Boden. Dabei macht es einen Unterschied, ob der Baum das Wasser mit einer Pfahlwurzel aus der Tiefe holt (wie die Kiefer, die Tanne und die Eiche) oder ob seine Wurzeln weiter an der Oberfläche das Erdreich durchdringen und Wasser aufnehmen (wie bei der Fichte). Daher wachsen um unterschiedliche Bäume auch unterschiedliche Bodenpflanzen.

Dass im Waldgarten die meisten der üblichen Gartengewächse keinen Platz finden, heißt nun gerade nicht, dass hier das Prinzip der Biodiversität, der natürlichen Vielfalt, eingeschränkt wäre. Im Gegenteil,

Bäume schaffen die Voraussetzung, dass hier ganz bestimmte Pflanzen wachsen können, die sich in einem typischen Garten nicht finden. Darüber hinaus sind Bäume Lebensraum – für andere Pflanzen, aber auch für viele Tiere.

Artenvielfalt auf der Eiche

Eichen wachsen sehr langsam, doch setzen sie sich gegen die schnell wachsende Konkurrenz (wie Birken) durch, wenn man sie lässt. Dann bieten sie so vielen Tieren Nahrung und Unterschlupf wie kein anderer Baum in Europa. Wie David Attenborough berichtet, hat man auf einem besonders artenreichen Exemplar 30 verschiedene Vogel-, 45 Wanzen- und mehr als 200 Falterarten gezählt.

Damit sind die beiden Themen bereits angeklungen, mit denen wir uns in diesem Kapitel befassen wollen: das Denken in Ökosystemen und das Thema Nachhaltigkeit. Beides lässt sich sowohl auf die Außen- als auch die Innenwelt von Unternehmen beziehen. Genau das wollen wir im Folgenden auch tun.

Der Markt als Ökosystem

Nach traditioneller Vorstellung befinden sich Unternehmen auf einem bestimmten Markt miteinander im Wettbewerb. Sie bieten ihre Leistungen und Produkte an und versuchen einander auszustechen, höhere Gewinne zu erwirtschaften als die anderen und ihnen Kunden abzujagen. Falsch ist diese Vorstellung ja nicht, allerdings ist sie unvollständig.

Denn Unternehmen konkurrieren nicht nur miteinander; sie sind ebenso aufeinander angewiesen. Und dazu müssen sie gar keine Geschäftsbeziehungen miteinander unterhalten. Es ist vielmehr wie bei den Pflanzen im Waldgarten: Sie gehören zu ein und demselben Ökosystem. Das heißt keineswegs, dass sie sich gegenseitig immer helfen. Die Pflanzen stehen in keinem geringeren Wettbewerb als Unternehmen. Viele können überhaupt nur gedeihen, wenn sie sich gegenüber dem einen oder anderen Konkurrenten durchsetzen, der dann auf der Strecke bleibt.

Doch findet das Prinzip des Wettbewerbs immer eine Grenze. Pflanzen kooperieren und leben in vielfältigen symbiotischen Beziehungen. Manche tragen sogar dazu bei, dass der Baum heranwachsen kann, der sie eines Tages überragen wird. So können die Eichen im Schutz der Birken gedeihen, die ohnehin eine geringere Lebenserwartung haben und so, sagen wir, auf ganz natürliche Weise von den Eichen abgelöst werden.

Risiken und Wechselwirkungen

Kein Gewächs kann gedeihen, wenn die anderen zugrunde gehen. Auch wenn sie miteinander konkurrieren, so besiedeln sie doch den gleichen Lebensraum, den sie mehr oder weniger lebensfreundlich gestalten können. Außerdem gruppieren sich um die Wettbewerber zahlreiche weitere Marktteilnehmer, die gleichfalls zum Ökosystem gehören: Zulieferer, Investoren, Kunden, Forschungseinrichtungen. Sie alle haben Einfluss darauf, wie sich die Lebensbedingungen im Ökosystem entwickeln.

Ruinöser Preiskampf der Billigflieger

In Europa und den USA haben Billigfluglinien den Markt für den Luftverkehr stark verändert. Auf den ersten Blick scheinen die Kunden von den niedrigen Preisen zu profitieren. Doch gibt es eine ganze Reihe von indirekten Folgen, die nachteilig sind – auch für die Kunden. Das beginnt mit der Jagd auf das günstige Ticket. Denn um an die Rabatte zu kommen, muss man strategisch vorgehen (früh buchen, wenig Gepäck mitnehmen, auf bestimmte Termine ausweichen). Aus dem Fluggast wird fast zwangsläufig ein Schnäppchenjäger, denn er ärgert sich, wenn ein anderer Fluggast nur die Hälfte seines Flugpreises bezahlt hat. Weiterhin leidet der Komfort. Und das Verhältnis zwischen Personal und Fluggästen wird belastet, denn die Reisenden sollen dazu gebracht werden, Leistungen in Anspruch zu nehmen, die sie vergleichsweise teuer bezahlen müssen. Alle Fluglinien machen ein schlechtes Geschäft und müssen rigide sparen, aber auch der Bahnverkehr ist betroffen und die Busreisen.

Was immer ein Unternehmen tut oder unterlässt, es hat Einfluss auf das Ökosystem und wirkt auf das Unternehmen zurück. Um beim Beispiel des Preiskampfs zu bleiben: Ein Unternehmen *muss* reagieren, wenn ein Wettbewerber die Preise senkt. Es mag unterschiedliche Möglichkeiten haben: Verständigung suchen, drohen, Preise noch unterbieten, Angebot verändern, Öffentlichkeitsarbeit verstärken oder auch nach unlauteren Mitteln Ausschau halten (die man vor sich rechtfertigt, weil das erste Unternehmen einen ja offenbar ruinieren will). Der Punkt ist: Jede Reaktion setzt weitere Folgen in Gang, die sich aufschaukeln können und womöglich alle Teilnehmer schädigen.

Einen „Gewinner" gibt es in einem Ökosystem nicht. Auch wenn ein Organismus andere verdrängt und nun dominiert. Vielmehr läuft die Entwicklung immer weiter. Es gibt keinen „Spielschluss", an dem das Ergebnis bekannt gegeben wird. Die Organismen stellen sich laufend auf die aktuelle Situation ein, sie adaptieren sich und wirken wiederum auf das Ökosystem zurück. Das hat Konsequenzen:

- Verdränger zu sein genügt nicht. Wer dominiert, muss seine Dominanz aufrechterhalten. Womöglich ist er gerade dazu nicht in der Lage und verschwindet schnell wieder von der Bildfläche.
- Wer alle anderen Organismen verdrängt, richtet sich selbst zugrunde. Er entzieht sich seine Lebensgrundlage.
- Nicht Dominanz ist entscheidend, sondern die langfristige Überlebensfähigkeit. Die wird am ehesten erreicht, wenn man kooperiert und sich nicht mit lauter Feinden umgibt.
- Ökosysteme sind nicht in sich geschlossen. Ständig können Organismen das Feld verlassen, aber auch zuwandern.

Die Verbesserung der Lebensbedingungen

Wenn wir den Markt als Ökosystem verstehen, dann gerät das Ziel in den Hintergrund, die Wettbewerber aus dem Markt zu drängen. Es spricht viel dafür, dass es einem Unternehmen eher schadet, wenn es seine Kräfte ausschließlich darauf konzentriert. Nicht nur weil es destruktive Gegenkräfte mobilisiert, sondern weil die Konkurrenten ihren gemeinsamen Markt ruinieren können. Darüber hinaus tut es einem Unternehmen gut, wenn es einen starken Konkurrenten hat, an dem es sich immer wieder messen muss.

Denn das eigentliche Ziel besteht nicht darin, einen Sieg zu erringen, den es wie erwähnt gar nicht gibt, sondern die Lebensbedingungen zu verbessern. Für sich selbst, aber auch für andere, zumal wenn diese einen im Gegenzug unterstützen. Mit einem Wort, Unternehmen sollten kooperieren. Mit ihren Kunden und Zulieferern, aber begrenzt auch mit der Konkurrenz, die es nicht auszuschalten, sondern zu übertreffen gilt.

Mit Kunden und Zulieferern kooperieren

Die Höhe des Gewinns, den ein Unternehmen erwirtschaftet, hängt davon ab, dass es seine Waren und Dienstleistungen nicht zu teuer einkauft und gleichzeitig das, was es selbst daraus macht, nicht zu billig wieder abgibt. Im Ergebnis führt dies dazu, dass Zulieferer im Preis so stark wie möglich gedrückt werden. Während Kunden dazu gebracht werden sollen, möglichst viel Geld auszugeben.

Der Haken dabei: Zulieferer und Kunden haben genau das entgegengesetzte Interesse. Also muss man sich irgendwo treffen, wenn auch selten in der Mitte. Vielmehr kann derjenige, der über mehr Marktmacht verfügt, die Preise sehr viel stärker bestimmen. Und so tut er das auch, nicht selten in unmittelbarer Nähe der „Schmerzgrenze", ab der der andere aus dem Geschäft aussteigt.

Betrachten wir den Markt als Ökosystem, ist dieser grundlegende Mechanismus nicht außer Kraft gesetzt. Allerdings ändert sich die Perspektive. Die Unternehmen haben ein Interesse daran, dass es ihren Zulieferern und Kunden ebenfalls gut geht. Also testen sie nicht länger deren „Schmerzgrenze". Sie sind daran interessiert, langfristige Beziehungen zu entwickeln. Denn das stabilisiert das eigene Unternehmen. Es schafft Vertrauen und schont Ressourcen, die sonst darauf verwendet werden müssten, ständig neue Zulieferer und/oder Kunden an deren Schmerzgrenze zu treiben.

Mit der Konkurrenz kooperieren

Wenn Wettbewerber zusammenarbeiten, kann das für alle anderen sehr nachteilig sein: Sie treffen Preisabsprachen oder setzen gemeinsam ihre Interessen durch, auf Kosten der übrigen Marktteilnehmer. Keine Frage daher: Wettbewerb muss erhalten bleiben. Zugleich aber gibt es Aufgaben, die ein Unternehmen allein nicht bewältigen kann, die aber sehr wohl auch im Interesse der anderen liegen:

- Eine neue Technologie wird vorangetrieben. Wenn sich Konkurrenten Aufgaben und Ergebnisse teilen, hebt das die gesamte Branche auf ein höheres Niveau.

- Gemeinsame technische Standards werden festgelegt. Davon profitieren Kunden, Zulieferer und Unternehmen, weil sich Produkte unterschiedlicher Hersteller und Generationen kombinieren lassen.

- Ein Verhaltenscodex wird vereinbart. Die Wettbewerber einigen sich darauf, bestimmte Praktiken zu unterlassen, die ihnen (kurzfristig) Vorteile brächten, aber andere schädigen.

Fragen Sie sich: Verbessert es die Lebensqualität im Ökosystem?
Jede Maßnahme, die ein Unternehmen trifft, sollte vor dem Hintergrund beurteilt werden, ob sie dazu beiträgt, die Lebensqualität im Ökosystem zu verbessern. Das heißt, nicht nur das Unternehmen, sondern auch andere müssen davon profitieren, damit am Ende wieder das Unternehmen davon profitiert.

Das Unternehmen als Ökosystem

Nicht nur den Markt können wir als Ökosystem betrachten, sondern auch das Unternehmen selbst. Denn auch hier treffen unterschiedliche Akteure aufeinander, die ihren Lebensraum teilen, gleichzeitig aber auch eigene Interessen verfolgen. Letzteres ist kein Nachteil, sondern Voraussetzung dafür, dass die Sache überhaupt funktioniert. Es ist weltfremd oder verlogen von Mitarbeitern oder Führungskräften zu erwarten, dass sie von ihren Interessen absehen, zugunsten des großen Ganzen. Das ist nicht einmal wünschenswert. Selbstverständlich sollen sie dazu beitragen, dass das große Ganze floriert; allerdings unter der Voraussetzung, dass auch sie selbst davon profitieren.

Mitarbeiter geben ihr Wissen nicht weiter

Verschiedene Studien haben gezeigt, dass Mitarbeiter ihr Wissen nicht so ohne Weiteres den Kollegen zu Verfügung stellen oder gar in einer Datenbank ablegen. Solange nicht klar ist, wie sie von der Weitergabe profitieren, ist dies ein völlig rationales Verhalten. Denn ihr Wissen ist es ja, das sie für das Unternehmen wertvoll macht. Sie sind nur dann bereit, es zu teilen, wenn sie etwas zurückbekommen. Und wenn sie sicher sein können, dass sie durch die Weitergabe nicht ihre eigene Position gefährden.

Konkurrenz und Kooperation

Das Bild des lauschigen Waldgartens darf uns den Blick nicht dafür verstellen: Auch hier herrscht Wettbewerb. Und so soll es auch sein. Denn Wettbewerb sorgt dafür, dass wir uns anstrengen, uns nicht mit der erstbesten Lösung zufriedengeben, sondern zeigen wollen, was in uns steckt. Wir möchten die anderen übertreffen. Mitarbeiter, die von jedem Wettbewerb abgeschirmt sind, neigen nicht gerade zu übertriebenem Einsatz.

Zugleich aber muss der Wettbewerb eingebettet sein in ein dichtes Geflecht von Kooperation. Wir arbeiten zusammen und unterstützen uns gegenseitig, weil es letztlich um das große Ganze geht, zu dem wir alle mit unseren Leistungen beitragen. Die Art des Wettbewerbs hat unmittelbaren Einfluss auf die Lebensqualität im Ökosystem Unternehmen. Daher sind die folgenden Punkte zu beachten:

- Nicht nur das Ergebnis zählt, sondern auch die Art und Weise, wie es erreicht wurde. Wer seine Kollegen ausbootet, darf nicht dafür belohnt werden.

- Der Wettbewerb sollte sich auf wesentliche Leistungen beschränken. Wer alles Mögliche misst und bewertet, züchtet eine Punktesammler-Mentalität heran.

- Wer anderen hilft und sie befähigt, eine bessere Leistung zu erbringen, hat besondere Anerkennung verdient. Er multipliziert seine eigene Leistungsfähigkeit.

- Wer eine besonders gute Leistung erzielt, erhält dafür Anerkennung, aber keine Bonuszahlung. Finanzielle Belohnung untergräbt die Motivation.

Außerdem sollte ein weiterer Aspekt nicht vergessen werden: Wettbewerb darf sich nicht allein darauf richten, Spitzenergebnisse hervorzubringen. Mindestens genauso wichtig ist es, unzulängliche Leistungen zu identifizieren und die Gründe dafür zu klären.

Am Ende zählt nur eines: Wer kommt nach oben?
Als Vorgesetzter können Sie noch so sehr Leitwerte wie Kooperation und Teamfähigkeit hochhalten. Das wird ohne Wirkung bleiben, wenn am Ende diejenigen Karriere machen, die es verstehen, sich rücksichtslos durchzusetzen.

Bäume pflanzen im Unternehmen

Im Waldgarten sind es die Bäume, die alle anderen Pflanzen überragen und sie beeinflussen. Der Baum entscheidet, was in seinem Schatten wachsen kann. Doch Bäume müssen erst gepflanzt werden und die Möglichkeit haben, heranzuwachsen. Ebenso geht es für ein gut geführtes Unternehmen darum, diejenigen an sich zu binden und aufzubauen, die später Führungsverantwortung übernehmen sollen.

Natürlich kann man auch ausgewachsene Bäume verpflanzen. In Unternehmen geschieht das ständig. Allerdings fehlt ihnen meist der Unterwuchs. Den müssen sie sich erst schaffen. Und wenn die Bodenverhältnisse ungünstig sind, kann das dauern oder ganz ausbleiben.
Für Unternehmen hat es einige Vorteile, Führungskräfte aus der eigenen Belegschaft heranzuziehen. Sie sind mit dem Unternehmen schon vertraut; und das Unternehmen weiß ebenfalls, auf wen es sich einlässt. Zumindest sollte es das. Denn darum geht es: frühzeitig zu erkennen, wer das Zeug hat, später Führungsverantworung zu übernehmen.

Solche Mitarbeiter darf das Unternehmen möglichst nicht verlieren. Im ungünstigsten Fall würde es zur Baumschule für die Konkurrenz (um im Bild zu bleiben). Allerdings stellt sich die Frage, woran man solche Mitarbeiter erkennt. Denn dass jemand für ein Unternehmen tätig ist und seine Arbeit gut macht, qualifiziert ihn noch nicht, es zu führen.

Es sind drei Eigenschaftspaare, auf die Sie als Vorgesetzter achten sollten, um künftige „Bäume" zu identifizieren:

- Auffassungsgabe/fachliche Kompetenz: Ihr Mitarbeiter braucht fachlich keine herausragenden Fähigkeiten, aber er muss in der Lage sein, denen auf Augenhöhe zu begegnen, die er führen soll.

- Engagement/Ambition: Ihre Mitarbeiterin gibt sich nicht einfach damit zufrieden, ihren Job zu machen; sie will etwas bewegen und stellt hohe Ansprüche an ihre Leistung.

- Haltung/Integrität: Ihr Mitarbeiter trickst nicht, er steht für seine Fehler ein und zeigt Rückgrat.

- Zugewandtheit/Freude am Führen: Ihre Mitarbeiterin hat Interesse an anderen Menschen; sie gibt ihnen gerne Orientierung.

Dabei müssen diese Eigenschaften noch nicht entwickelt sein. Es genügt, wenn die Anlagen dazu erkennbar sind. Denn schließlich brauchen die „Bäume" erst Zeit heranzuwachsen. Worauf es vielmehr ankommt: Solchen Mitarbeitern immer wieder Verantwortung zu übertragen und zu beobachten, wie es ihnen dabei ergeht. Haben sie Spaß an solchen Aufgaben oder fühlen sie sich schnell überfordert? Manche müssen ihre Führungsqualitäten überhaupt erst entdecken. Andere stellen fest, dass sie zwar fachlich alle anderen in den Schatten stellen, aber es ihnen schwer fällt mit Menschen umzugehen. Solche Leistungsträger sind häufig nicht geeignet, andere zu führen. Entweder erwerben sie die nötigen Führungsqualitäten oder aber sie widmen sich ganz der fachlichen Laufbahn – ohne Personalverantwortung.

Ziehen Sie frühzeitig Führungsnachwuchs heran
Eine Aufgabe für Vorgesetzte, die häufig vernachlässigt wird: zu erkennen, wer das Zeug hat, später Führungsaufgaben zu übernehmen. Diese Mitarbeiter sollten probehalber Verantwortung übertragen bekommen und an das Unternehmen gebunden werden.

Der Erhalt der Biodiversität

Vielfalt macht nicht nur den Waldgarten lebendiger, sondern auch das Unternehmen. Es profitiert davon, wenn in ihm Menschen mit unterschiedlichen Talenten und Sichtweisen zusammenarbeiten. Nun neigt jede Gruppe dazu, ihre Mitglieder auf Linie zu bringen, was durchaus seinen Sinn hat. Denn eine Gruppe braucht so etwas wie eine Identität, damit sich die Mitglieder ihr zugehörig fühlen. Zugleich aber tut es einer Gruppe gut, wenn sie sich einige Abweichler und Querulanten leistet – mit denen sie allerdings respektvoll umgehen muss. Es genügt nicht, den einen oder anderen Außenseiter zu dulden, um auf ihm herumzutrampeln.

Heterogene Gruppen brauchen im Allgemeinen etwas mehr Zeit, um zu einer Entscheidung zu kommen. Dafür ist sie dann auch besser und fundierter – sogar dann, wenn sich die Abweichler wieder einmal nicht durchsetzen konnten (was meist der Fall sein dürfte, denn genau das charakterisiert ja einen Abweichler). Die Meinungsführer in der Gruppe werden durch die Abweichler dazu veranlasst, etwas gründlicher nachzudenken und sorgfältiger zu argumentieren. Sie können sich eben nicht darauf verlassen, dass alle anderen jeden Blödsinn begeistert abnicken, nur weil er von einem respektierten Mitglied der Gruppe kommt. Sie müssen sich auf Widerworte, Gegenargumente, kritische Nachfragen gefasst machen.

Und doch ist bloße Vielfalt kein Gradmesser für Qualität. Ebenso wenig wie Sie Ihrem Garten etwas Gutes tun, wenn Sie möglichst verschiedenartige Pflanzen darin zusammenpferchen. Biodiversität setzt voraus, dass sich die betreffenden Gewächse vertragen und sich in ihrer Unterschiedlichkeit ergänzen. Sonst gehen sie einfach ein.

Übertragen auf menschliche Organisationen heißt das zweierlei: Man braucht eine gemeinsame Geschäftsgrundlage, um miteinander auszukommen, und die Vielfalt muss produktiv machen. Es ist nichts damit gewonnen, ganz verschiedenartige Gruppen im Unternehmen zu haben, die sich gegenseitig bekriegen.

Bilden Sie heterogene Gespanne
Eine bewährte Möglichkeit, verschiedene Sichtweisen und Talente fruchtbar zu machen: Bringen Sie zwei Mitarbeiter zusammen, die einen unterschiedlichen Hintergrund haben. Lassen Sie die beiden gemeinsam eine Aufgabe bearbeiten.

Nachhaltigkeit im Management

Man mag den Begriff schon nicht mehr hören, so inflationär wie er aktuell gebraucht wird. Doch kommen wir nicht um ihn herum. Denn

Nachhaltigkeit bezeichnet einen sehr wesentlichen Aspekt, um den es bei einer „besseren Führungskultur" gehen soll, einen maßvollen und verantwortungsbewussten Umgang mit Ressourcen, eben auch mit den Humanressourcen. Dafür gibt es nun einmal keine passendere Bezeichnung.

Ursprünglich stammt der Begriff aus der Forstwirtschaft. Deshalb haben wir ihn auch im Waldgarten angesiedelt. Hans Carl von Carlowitz, ein hoher sächsischer Beamter, gilt als sein Schöpfer. In dem umfangreichen Werk „Sylvicultura oeconomia oder haußwirthliche Nachricht und naturmäßige Anweisung zur wilden Baum-Zucht" von 1713 wendet er sich gegen den Raubbau am Wald und fordert eindringlich, dass „man mit dem Holtz pfleglich umgehe". Man soll es nicht bedenkenlos verfeuern, sondern sparsam verwenden und darauf achten, ausreichend „wilde Bäume" zu pflanzen. Das nennt er „nachhaltige Nutzung". Kurz und bündig: Man soll in den Wäldern nicht mehr Holz schlagen als nachwächst.

Dabei handelt es sich keineswegs um technische oder rein praktische Erwägungen. Vielmehr macht sich Carlowitz Gedanken über einen angemessenen Umgang mit der „gütigen" und freigiebigen Natur. Dazu gehört für ihn nicht nur das Maßhalten beim Verbrauch von Ressourcen, sondern auch die Vorsorge für die nachfolgenden Generationen.

Die drei Säulen der Nachhaltigkeit

Nach heutigem Verständnis bezieht sich Nachhaltigkeit auf drei Bereiche, die nicht voneinander getrennt betrachtet werden dürfen, sondern gleichberechtigt nebeneinander stehen; es handelt sich um die drei Säulen der Nachhaltigkeit:

- Ökologische Nachhaltigkeit: Kein Raubbau an der Natur, natürliche Ressourcen sollen nur in dem Maße beansprucht werden, wie sie sich erneuern können.

- Ökonomische Nachhaltigkeit: Kein kurzfristiger Profit auf Kosten künftiger Gewinne; die Unternehmensstrategie soll sich an langfristigen Zielen orientieren.

- Soziale Nachhaltigkeit: Teilhabe am gesellschaftlichen Leben; Chancengerechtigkeit, Mechanismen bereitstellen zum Ausgleich widerstreitender gesellschaftlicher Interessen.

Ob das Drei-Säulen-Modell tatsächlich eine Weiterentwicklung darstellt oder den Begriff nicht vielmehr überfrachtet, wollen wir einmal offen lassen. Für uns geht es hier um die Führung der Mitarbeiter. In diesem Zusammenhang erscheint es durchaus angebracht, von nachhaltiger und häufiger noch von nicht nachhaltiger Führung zu sprechen. Dies lässt sich an drei Themenfeldern festmachen, und die sind gewissermaßen unsere Säulen der Nachhaltigkeit:

- Maßvolle Nutzung der Humanressourcen

- Langfristige Perspektive

- Mehrgenerationen-Unternehmen

Arbeiten mit menschlichem Maß

Als erstes müssen wir über das Arbeitsethos reden – nicht das Ihrer Mitarbeiter, sondern Ihr eigenes, als Führungskraft. Hier sollte sie nämlich anfangen, die Nachhaltigkeit. Doch ist das so? Wie sorgsam gehen Sie mit Ihren eigenen Ressourcen um? Betreiben Sie womöglich Raubbau an Ihren Kräften, wie die Menschen des 17. Jahrhunderts an ihrem Wald, den sie bedenkenlos verfeuerten?

Viele Führungskräfte haben gar keine Wahl. Sie arbeiten ständig am Limit. Nichts anderes wird auch von ihnen erwartet. Denn immerhin sind Sie Führungskraft und damit Vorbild für die anderen. Runterschalten? Schongang einlegen, um die eigene Arbeitskraft zu erhalten? Mit einem solchen Statement können Sie sich von höheren Aufgaben verabschieden. Wer von seinen Leuten Höchstleistung fordert, der darf sich selbst erst recht nicht schonen. Und mit weniger als mit „Höchstleistungen" darf sich heute niemand zufriedengeben. Denn bereits knapp darunter beginnt das „Mittelmaß".

Genau hier liegt das Problem: in dem aufgeregten Geschnatter über vermeintliche „Höchstleistungen", dem verderblichen „Mittelmaß", den titanengleichen „Leadern", die ihre Mitarbeiter aus ihrer sogenannten „Komfortzone" hinausjagen und für ihre Aufgaben „begeistern". Natürlich ist das überdrehtes Gerede, das mit dem Alltag in den Betrieben glücklicherweise nur wenig zu tun hat. Doch zeigt es, wie weit entfernt wir von einem Arbeitsethos sind, das auf Nachhaltigkeit angelegt ist.

Denn Nachhaltigkeit verlangt, behutsam mit den Ressourcen umzugehen, man möchte sagen: an erster Stelle mit den menschlichen Ressourcen, die sich immer regenerieren müssen und die man eben nicht „verheizen" darf – auch nicht die eigenen Ressourcen.

Krankheitstage wegen Burnouts verzehnfacht
Der Gesundheitsreport der Betriebskrankenkassen verzeichnet zwischen 2004 und 2009 einen Anstieg der durchschnittlichen Krankheitstage wegen Burnouts von 4,6 auf 47,1 (pro hundert Versicherte). Besonders stark betroffen sind ehrgeizige Leistungsträger. Für das erste Halbjahr 2011 melden die Krankenkassen einen weiteren Anstieg. Mittlerweile erfolgt jede siebte Krankschreibung (14,3 %) wegen Depression oder Burnout.

Leistungsträger müssen sich regenerieren können
Wohlverstanden: Es ist keine Rede davon, das Leistungsniveau zu senken. Vielmehr geht es darum, Mitarbeiter und Führungskräfte zu befähigen, ihre Leistung *nachhaltig* zu erbringen. Erste Voraussetzung dafür: Sie dürfen nicht überlastet werden. Gerade nach einer außergewöhnlichen Anstrengung müssen sie zur Ruhe kommen, sich entspannen, neue Kräfte sammeln.

Davon zu unterscheiden ist der alltägliche Dauerbetrieb, der gleichfalls nicht mit Überlast gefahren werden darf. Sonst höhlen Sie die Leistungsfähigkeit aus, die eigene und die Ihrer Mitarbeiter. Dabei neigen wir dazu, die Belastung im Dauerbetrieb zu unterschätzen. Denn für sich genommen scheinen solche Arbeitstage durchaus zu meistern zu sein. Doch es ist die unausgesetzte Überspannung, die unsere Kräfte aufzehrt.

Gerade die ambitionierten Mitarbeiter, die „Bäume" in Ihrem Garten, sind besonders gefährdet. Denn sie sind bestrebt, die Erwartungen nicht nur zu erfüllen, sondern zu übertreffen. Werden die Vorgaben immer weiter nach oben geschraubt, lässt es sich gar nicht vermeiden, dass sie sich zu viel zumuten. Verantwortungsbewusste Vorgesetzte dürfen sie darin nicht noch bestärken, sondern müssen dafür sorgen, dass sie sich immer wieder regenerieren.

Überlastung als Status-Symbol
Durch die öffentliche Aufmerksamkeit für das Thema Burnout ändert es sich gerade, aber in vielen Unternehmen wird Überlastung noch immer als Status-Symbol verstanden. Es gilt als Zeichen dafür, dass man gefragt ist und leistungsfähig. Das Fatale dabei: Erst jenseits der Grenze, ab der es ohne jeden Zweifel gesundheitsschädlich wird, beginnt überhaupt erst die Anerkennung.

Nachhaltige Leistung vorleben

Wenn sich Mitarbeiter engagieren, verdient das natürlich Anerkennung. Doch ist es nicht weniger wichtig klarzustellen, dass jeder mit seinen Kräften haushalten muss und auch gegenüber sich selbst Verantwortung trägt. Wer die eigenen Kräfte überstrapaziert, verdient nicht Anerkennung, sondern Hilfe.

Zugleich aber verpuffen solche Worte, wenn die Führungskräfte nicht selbst mit gutem Beispiel vorangehen. Den nachhaltigen Umgang mit den eigenen Ressourcen müssen Sie selbst praktizieren. Sie müssen ihn vorleben, sonst wirken Sie wenig glaubwürdig. Schlimmer noch: Unterschwellig vermitteln Sie die Botschaft, „eigentlich" dürfe man sich keine Ruhe gönnen.

Ständige Erreichbarkeit erzeugt Stress

Die Tendenz hat sich in den vergangenen Jahren noch erheblich verstärkt: Mitarbeiter sollen ständig erreichbar sein, auch noch nach Dienstschluss. Allein die Möglichkeit, dass man jederzeit aus seinem Privatleben herausgerissen werden kann, verhindert, dass man sich wirklich entspannt. Um zur Ruhe zu kommen, gibt es jedoch eine Bedingung. Man muss buchstäblich „abschalten" können.

Ausgeruhte Mitarbeiter sind leistungsfähiger

Jeder weiß es, unzählige Studien haben es belegt, und doch wird ständig gegen diesen simplen Grundsatz verstoßen: Wer unter Stress steht, leistet miserable Arbeit. Multitasking überfordert uns und sorgt für schlechte Ergebnisse. Wer ständig unterbrochen wird, durch Anrufe, E-Mails oder die freundlichen Kollegen und Vorgesetzten, der bringt nichts zuwege. Nach einer Unterbrechung brauchen wir bis zu zwanzig Minuten, um mit der gleichen Konzentration weiterzuarbeiten wie vorher.

Nicht weniger folgenreich sind negative Gefühle. Die glühen noch lange nach, ohne dass uns das bewusst ist. Das zeigt auch eine Studie, die der Psychologe und Verhaltensökonom Daniel Ariely zusammen mit seinem Kollegen Eduardo Andrade durchgeführt hat. Demnach hat es erhebliche Auswirkungen, ob wir vor einer bestimmten Entscheidung mit einem anderen Thema befasst waren, das uns negativ gestimmt hat. Der Punkt bei Ariely und Andrade: Wir bemerken diesen Einfluss überhaupt nicht, sondern sind der Meinung, dass wir geistig umgeschaltet und uns auf den neuen Sachverhalt eingestellt haben.

Nun lassen sich solche Effekte bei der täglichen Arbeit nicht ganz vermeiden. Aber zumindest lässt sich ihr Schaden begrenzen: Wer nicht ständig zwischen unterschiedlichen Aufgaben und Entscheidungen hin- und herschalten muss, wer sich ausgeruht seiner Arbeit widmen kann, der ist wesentlich leistungsfähiger. Das gilt ganz besonders für Aufgaben, die ein Mindestmaß an Kreativität erfordern.

Erlauben Sie Abschweifungen
Wer kreativ sein soll, der braucht Umwege, Distanz und Leichtigkeit. Daher sollten Sie den Mitarbeitern ein gewisses Maß an Abschweifung gestatten. Wohlverstanden: Für die eigene Arbeit, nicht für ihre Ausführungen bei Besprechungen.

Eine langfristige Perspektive

Volatile Märkte, eine Welt, die sich rasant und bisweilen überraschend verändert, auch von der Politik heißt es, ihr Entscheidungshorizont werde immer kürzer – woher soll da eigentlich eine langfristige Perspektive kommen? Müssen wir nicht eher alle lernen, „auf Sicht" zu fahren?

Im Sinne der Nachhaltigkeit kann die Antwort nur ein beherztes Nein sein. Wer keine langfristige Perspektive hat, der verabschiedet sich aus dem Kreis der „Bäume", die sich gerade dadurch von den „Flachwurzlern" unterscheiden, dass sie nicht den schnellen Profit suchen. Sie schieben diese Phase auf und investieren in kostpielige Fähigkeiten, die es ihnen aber ermöglichen, am Ende alle anderen zu überragen.

Bleibt die Frage: Haben „Bäume" heute überhaupt noch eine Chance? Ganz gewiss haben sie die. Eine langfristige Perspektive zu haben, bedeutet ja keineswegs, alles genau festzulegen. Vielmehr besteht eine langfristige Perspektive auch darin, sich Spielräume zu eröffnen – die anderen verschlossen bleiben, weil sie nicht die erforderlichen Ressourcen aufgebaut haben, sondern sich heute und morgen ausschließlich um die Frage kümmern: Was bringt mir hier und jetzt Gewinn?

Der Aufbau der nötigen Kompetenzen

Nachhaltiges Management verlangt, rechtzeitig die Kompetenzen aufzubauen, von denen wir erwarten, dass sie später wichtig werden. Dazu gehört zum Beispiel auch die Fähigkeit, sich immer wieder neu zu orientieren und dazuzulernen. Denn wir sind heute davon überzeugt, dass es in Zukunft auf eben diese Fähigkeit ankommt.

Eine zweite Kompetenz, in die es sich wohl zu investieren lohnt, ist der Umgang mit anderen Menschen. Es ist hilfreich zu wissen, wie sie ticken und wie widersprüchlich sie sich gelegentlich verhalten. Wie sich Vertrauen aufbauen lässt, was es in Gefahr bringt und wie man es wiedergewinnen kann. Wie man Verhandlungen führt und schließlich auch wie man mit Menschen aus anderen Kulturkreisen zusammenarbeitet.

Hinzu kommen fachliche Kompetenzen. Dass unser Wissen immer schneller veraltet, heißt ja nicht, dass wir uns entspannt zurücklehnen können. Das Wissen von morgen baut auf dem von heute auf. Nachhaltigkeit bedeutet also auch, fachlich nicht ins Hintertreffen zu geraten.

Solche Kompetenzen fliegen einem nicht zu. Man muss sie sich erarbeiten und sie pflegen. Das erfordert einen gewissen Aufwand und Menschen, die bereit sind, hier mitzuziehen. Das tun sie umso eher, wenn sie eine langfristige Perspektive haben.

Mitarbeitern Orientierung geben

Zurzeit besteht eine gewisse Zurückhaltung, Mitarbeiter dauerhaft an das Unternehmen zu binden. Die nächste Krise kommt bestimmt (wenn sie nicht schon da ist) und dann ist es leichter, Personal loszuwerden, das ohnehin nur befristet eingestellt wird. Nach der Devise: Verträge verlängern kann man immer und wenn der Mitarbeiter gehen will, dann kann man ihn ohnehin nicht aufhalten.

Doch gibt es einen gravierenden Nachteil: Unternehmen, die so verfahren, signalisieren nicht gerade Wertschätzung für ihre Mitarbeiter. Loyalität wird auf diese Weise ganz gewiss nicht gefördert. Die Mitarbeiter lernen daraus vor allem eines: Auf dieses Unternehmen könnt ihr euch nicht verlassen. Ihr müsst zusehen, dass ihr euren eigenen Vorteil im Auge behaltet.

Das ist natürlich das Gegenteil von nachhaltigem Management. Das besteht nun auch nicht darin, den Mitarbeitern einfach Beschäftigungsgarantien zu geben. Vielmehr geht es darum, ihnen eine Perspektive zu eröffnen. Das kann durchaus auch heißen, klipp und klar zu sagen, dass es *keine* Möglichkeit gibt, langfristig im Unternehmen zu bleiben. Mit dieser Aussicht lässt man den Betreffenden aber nicht allein, sondern versucht gemeinsam für ihn eine Perspektive zu entwickeln – außerhalb des Unternehmens.

Grundsätzlich ist es aber schon das Ziel, die eigenen Leute im Unternehmen zu halten. Für eine langfristig orientierte Organisation ist das obendrein wirtschaftlicher. Denn mit jedem Mitarbeiter, der das Unternehmen verlässt, wandert auch ein Stück Kompetenz ab – womöglich zur Konkurrenz.

Das Mehrgenerationen-Unternehmen

Das Thema wird uns in den kommenden Jahren noch stärker beschäftigen. Der demografische Wandel lässt gar nichts anderes zu. Die Zahl der Älteren wird weiter steigen, während die der Jüngeren abnimmt. Das hat nicht nur Konsequenzen für die Zusammensetzung der Belegschaft, sondern weit darüber hinaus. Denn die Älteren bilden eine Kundengruppe, die immer größer wird, und als Wähler werden sie wachsenden Einfluss auf politische Entscheidungen nehmen können.

Zugleich verändern sich die Älteren. Sie sind wesentlich agiler, gesünder und aufgeschlossener als zu früheren Zeiten. Unternehmen, die gezielt ältere Arbeitnehmer einstellen, machen fast durchgängig positive Erfahrungen. Die Älteren sind keineswegs unflexibel. Manchmal trifft sogar das Gegenteil zu: Die Jüngeren bauen sich gerade eine Familie auf und sind viel stärker an einen Ort gebunden, während es Ältere mitunter sogar sehr reizvoll finden, noch einmal etwas Neues zu beginnen.

Ältere Mitarbeiter als Wettbewerbsvorteil

Die Älteren haben Erfahrung, die sie gerne weitergeben. Sie sind bedächtiger, aber das kann durchaus auch ein Vorteil sein. Sven Voelpel, Managementprofessor an der privaten Jacobs University in Bremen, nennt eine ganze Reihe von Stärken: „Ältere Arbeitnehmer haben eine höhere Arbeitsmoral und mehr Bewusstsein für Qualität. Sie können besser strategisch denken, besser logisch argumentieren und sind eher bereit zu teilen als ihre jüngeren Kollegen."

Nun muss man hinzufügen, dass dies nicht zwangsläufig so ist. Viele Ältere sind auch ausgebrannt, unflexibel, resigniert. Aber nicht wegen ihres Alters, sondern weil sie lange Jahre schlecht behandelt worden sind. Wer aufs Abstellgleis gestellt wird, nur noch langweilige Routinearbeiten erledigen darf und das Gefühl vermittelt bekommt, er solle doch bitte in den Ruhestand gehen, der sprüht nicht gerade vor Tatendrang.

Auch hier zeigt sich: Nachhaltiges Management zahlt sich langfristig aus. Denn wer sein ganzes Arbeitsleben lang Ärger in sich hineingefressen oder bis zur Erschöpfung gerackert hat, der gehört natürlich nicht zu den topfitten „Silver-Workern". Von denen ist zu erwarten, dass sie noch zu gesuchten Fachkräften werden.

Generationenübergreifende Teams

Doch natürlich kommt es nicht nur auf die Älteren an, sondern auch auf die Jungen und die „Middle Agers". Nur wenn mehrere Generationen im Unternehmen zusammenarbeiten, erreicht man den gewünschten Effekt. Denn selbstverständlich profitieren die Älteren auch von den Berufseinsteigern und den Kollegen im mittleren Alter. Ja, es hat sich gezeigt, dass die Jüngeren ebenso den Älteren bereitwillig Unterstützung geben, wenn es sich um ein Thema dreht, das sie besser beherrschen, wie zweifelsohne den Umgang mit Internet und Social Media.

Doch sind gemischte Teams keineswegs ein Selbstläufer. Werden die Älteren und die Jüngeren einfach so in eine Gruppe gesteckt, geht die Sache häufig schief. Es gibt Vorbehalte, Misstrauen und gruppendynamische Effekte, die eine Zusammenarbeit sehr erschweren können. Doch wenn es gelingt, Vertrauen aufzubauen und die Belegschaft entsprechend zu mischen, dann sind die Ergebnisse vielversprechend.

Teamarbeit im Finanzamt

Der Dresdner Organisationspsychologe Jürgen Wegge hat die Leistung von jungen, älteren und gemischten Teams miteinander verglichen. Und zwar in 111 verschiedenen Finanzämtern, die sich mit Steuererklärungen befassten, was eine anspruchsvolle Aufgabe ist, wie jeder weiß. Das bemerkenswerte Resultat: Im Schnitt arbeiteten die gemischten Teams zügiger. Dabei war der Effekt besonders stark ausgeprägt, wenn es sich um komplizierte Fälle handelte.

Gartengespräch mit Stefan Rösler

Dr. Stefan Rösler ist Nachhaltigkeitscoach. Er gibt Seminare, veranstaltet Workshops und hält Vorträge zu den Themen Nachhaltigkeit, Ökologie und Naturerlebnis. Der studierte Forstwirt und Landschaftsplaner hat zahlreiche Fachpublikationen veröffentlicht und ist ein gefragter Experte in Sachen Nachhaltigkeit (nähere Informationen unter www.oecoach.de). Für dieses Thema ist er auch Dozent an der Führungsakademie des Landes Baden-Württemberg.

Herr Dr. Rösler, welche Beziehung haben Sie zu Gärten?

Rösler: „Ich bin im Garten meiner Eltern zwischen Obstbäumen, Beerensträuchern und Blumenbeeten groß geworden. Die ausgedehnten Streuobstwiesen hinterm Haus waren mein Spielplatz. Mit den Vögeln im Garten war ich sozusagen per Du. Gärten sind für mich Orte des Wohlfühlens, des Abschaltens und des Erlebens. Erst vor wenigen Tagen habe ich im Garten meiner Eltern Sauerkirschen gepflückt und zu Marmelade eingemacht. Eine schöne Tätigkeit mit sichtbarem und dabei auch noch leckerem Ergebnis. Gartenarbeit ist eine herrliche Abwechslung zur Arbeit am Schreibtisch."

Welche Art von Garten gefällt Ihnen besonders? Und warum?

Rösler: „Zu einem Garten gehören für mich Obstbäume, singende Vögel und bunte Blumen. Es ist dieses umfassende Sinneserlebnis, das ich im Garten liebe. Es blüht, zwitschert und duftet. Außerdem baue ich gerne Obst, Gemüse und Kräuter zur Selbstversorgung an. Ich freue mich nicht nur an der wohlschmeckenden Ernte, sondern vor allem auch an all den Tieren und Pflanzen, die ich hier beobachten kann. In so einem Garten zu verweilen ist für mich immer wie ein kleines Stück Urlaub."

Ihr Thema ist Nachhaltigkeit. Was versteht man eigentlich darunter?

Rösler: „Der Begriff stammt aus der Forstwirtschaft und besagt ursprünglich nichts anderes, als dass man nicht mehr Bäume absägen soll als nachwachsen. Konkret geht es heute darum, mit den verfügbaren Ressourcen auf unserer Erde so zu wirtschaften, dass künftige Generationen dieselben Möglichkeiten haben wie wir selbst. Sich also sozusagen ‚enkelverträglich' zu benehmen. Damit sich so ein Verhalten durchsetzt, braucht es jedoch eine neue Art von Entscheidungskultur. Belange der Wirtschaft, der Umwelt und der Gesellschaft müssen gleichberechtigt berücksichtigt werden. Bis heute werden Entscheidungen jedoch vielfach allein auf Basis kurzfristiger ökonomischer Gesichtspunkte getroffen. Der existenzbedrohende Klimawandel, das tägliche Aussterben von weltweit über hundert Tier- und Pflanzenarten sowie die Produktion von Atommüll, von dem niemand weiß, wie und wo man ihn Jahrtausende lang sicher lagern kann, sind Folge eines nicht nachhaltigen Wirtschaftens.

Bildung für nachhaltige Entwicklung heißt der Schlüssel zum Umdenken. Je früher Kinder in Waldkindergärten oder Jugendliche auf dem Schulbauernhof natürliche Zusammenhänge und die Folgen ihres eigenen Tuns verstehen, desto eher haben wir die Chance, künftig zu besseren, langfristig tragfähigen Entscheidungen zu kommen. Von dieser Art des Wirtschaftens sind wir jedoch leider noch weit entfernt."

Wieso ist Nachhaltigkeit im Management wichtig?

Rösler: „Das Management in Unternehmen und Organisationen plant, gibt die Richtung vor und steuert. Finanzkrise, Dumping-löhne und Umweltschäden sind Kennzeichen eines nicht nachhal-tigen Managements. Im Gegensatz dazu ist ein nachhaltiges Mana-gement unspektakulär und kommt dadurch auch selten in die Schlagzeilen. Gerade weil nachhaltiges Management jedoch Folge-kosten und Risiken reduziert, wird es sich durchsetzen. Weltweit gehen Topmanager davon aus, dass Nachhaltigkeit in zehn Jahren zum Kerngeschäft eines jeden Unternehmens zählen wird. Auf dem Weg zu einer nachhaltigen Entwicklung kommt dem Nachhaltig-keits-Management in Wirtschaft und Politik eine Schlüsselrolle zu. Hierbei werden ökonomische, ökologische und soziale Auswirkun-gen gezielt gesteuert. Dadurch können Banken ebenso wie Auto-mobilhersteller, Kiesgrubenbetreiber oder Versicherungen Risiken reduzieren, Kosten einsparen und die Lebensqualität vor Ort verbessern und dabei noch ihr Image und die Mitarbeitermotivati-on steigern. Wer wollte das nicht?!"

Können einzelne Führungskräfte schon etwas bewirken? Oder muss die gesamte Unternehmenskultur auf Nachhaltigkeit im Management ausge-richtet werden?

Rösler: „Jede einzelne Führungskraft trifft täglich Entscheidungen und hat vielfältige Möglichkeiten, Impulse für eine nachhaltige Entwicklung zu geben. Führungskräfte und Vorstände entscheiden darüber, ob im Unternehmen Nachhaltigkeit gefordert und geför-dert wird. Nachhaltigkeitsmanagement kann nur dann erfolgreich sein, wenn sich sowohl Vorstand und Führungskräfte als auch die Mitarbeiterinnen und Mitarbeiter engagieren und aktiv zusam-menspielen. Nachhaltigkeit muss erklärtes Unternehmensziel sein und vom Vorstand glaubwürdig vertreten werden. Falls das Thema nur bei der Marketingabteilung angesiedelt ist oder primär aus PR-und Imagegründen aufgegriffen wird, wird es als Alibiveranstal-tung, als Greenwashing entlarvt – zum Schaden des Unterneh-mens."

Sie geben Seminare und Workshops für Führungskräfte. Wie gehen Sie dabei vor?

Rösler: „Es ist mir wichtig, den sperrigen Begriff Nachhaltigkeit mit Beispielen greifbar zu machen. Analogien zur Natur sind dabei besonders hilfreich. Warum wachsen Bäume nachhaltig, aber nicht in den Himmel? Was hat der Schnitt eines Apfelbaums mit nachhaltigem Management zu tun? Warum ist ein Ameisenhaufen Vorbild für nachhaltige Unternehmensorganisation? Die Natur ist eine wahre Fundgrube für innovative Manager. Hier wird der Begriff der Nachhaltigkeit richtig lebendig. Daher biete ich Waldspaziergänge für Manager an und zeige, was ein Unternehmer vom Ökosystem Wald für Entwicklung und Erfolg seines Unternehmens lernen kann. Ganz nebenbei kann ich dabei den Wald auch noch als Gesundheits-Coach vorstellen: als Stress reduzierende Kraftquelle und als Ort der Inspiration."

Wer nimmt an Ihren Seminaren und Workshops teil?

Rösler: „Meistens sind es Führungskräfte, Spitzenbeamte, Unternehmer und Berater. Entscheider und Multiplikatoren zum Beispiel aus Industrieverbänden, Ministerien und der Finanzbranche. Aber auch Vorstände aus Familienunternehmen, die sich bewusst sind, dass das Thema Nachhaltigkeit immer mehr an Bedeutung gewinnen wird und die einen gezielten Beitrag zum Erhalt der biologischen Vielfalt leisten wollen. Vom Blick in die Natur und damit über den üblichen Tellerrand hinaus versprechen sie sich innovative Ideen, Lösungsansätze und Impulse für die Entwicklung ihres Unternehmens oder ihrer Organisation. Ganz abgesehen von einem besseren Gewissen ihren eigenen Kindern gegenüber."

Manche betrachten Nachhaltigkeit als Modewort oder bloße Worthülse. Wie schätzen Sie das ein: Wie ernst wird Nachhaltigkeit in den Unternehmen genommen? Vor allem auch: Nachhaltigkeit im Management?

Rösler: „Die Begriffe „Nachhaltigkeit" und „nachhaltig" werden in der öffentlichen Diskussion, in den Medien und im Marketing tatsächlich fast inflationär verwendet. Und dabei leider oftmals ohne jeden substanziellen Inhalt. Das ist bedauerlich, denn der Begriff Nachhaltigkeit verliert dadurch an Wert. Andererseits belegt der Aufstieg des Begriffs zum „Modewort" das positive Image von „Nachhaltigkeit", mit dem man sein Tun gerne schmückt sowie ein diffuses Bedürfnis, „Nachhaltigkeit" praktizieren zu wollen. In Wirtschaft, Verbänden und Verwaltung gewinnt die ernsthafte Auseinandersetzung mit Fragen der Nachhaltigkeit immer mehr an

Bedeutung. Viele Unternehmen engagieren sich bereits weit über gesetzliche Vorgaben hinaus, weil sie darin einen Imagegewinn und einen Wettbewerbsvorteil sehen. Der kritische Hinweis, dass allein eine positive Wirtschaftsbilanz am Jahresende nicht identisch ist mit einer nachhaltigen Wirtschaftsweise oder gar mittel- oder langfristigem Erfolg, gilt mittlerweile nicht mehr als umstürzlerisch, sondern als opportun. Zu präsent sind Beispiele, dass auch wirtschaftlich erfolgreiche Unternehmen massive Imageprobleme bekommen können, wenn sie das Meer mit Öl verschmutzen, bei ihren Zulieferbetrieben Kinderarbeit zulassen oder des Greenwashings überführt werden. Aktuell findet eine intensive Diskussion um Entwicklung und Einführung von Nachhaltigkeits-Indizes statt. Je mehr es gelingt, Nachhaltigkeit im Management operationalisierbar zu machen, desto unverzichtbarer wird Nachhaltigkeit als Grundlage einer erfolgreichen und seriösen Geschäftspolitik."

Im Guerilla-Garten: Engagement und Idealismus

> „Viel schöner als ein Blumenbeet in einem wohlgehegten Garten ist doch eine unverhofft blühende Blume – eben nicht da, wo man es erwartet, sondern auf einem fremden Grundstück, in einer ungewöhnlichen oder gar unwirtlichen Umgebung. Warum nicht in einer öden Baugrube?" – Richard Reynolds: Guerilla Gardening

Sie legen eine Wildblumenwiese auf einer Verkehrsinsel an, umgeben eine vermüllte, stillgelegte Bahnstation mit einem Meer von Margariten, in Mexico City hängen sie Blumenampeln an Bushaltestellen auf und in London nutzen sie Mauerspalten und Ritzen, um die Fassaden rund um die Bank of England mit Kletterpflanzen zu begrünen. Guerilla-Gärtner fragen nicht um Erlaubnis, sie fangen einfach an, ihre Umgebung zu bepflanzen. Und zwar dort, wo sie es eigentlich nicht dürfen, weil der Grund und Boden jemand anderem gehört.

Dabei beschränken sich die meisten Guerilla-Gärtner auf den öffentlichen Raum. Der gehört der Allgemeinheit; und die Guerilla-Gärtner verstehen ihre Aktivitäten auch als Beitrag zum Gemeinwohl. Sie wollen den öffentlichen Raum in einen Garten verwandeln, in einen Ort, an dem man sich wohlfühlt, „wo man nach Lust und Laune kommen und gehen kann, wo man gärtnern kann, Kunst machen oder einfach zusammensitzen – in angenehmer Atmosphäre, nicht in einem Betonklotz", wie es ein New Yorker „Green Guerilla" mit dem Kampfnamen Zachary 922 formuliert hat.

Die Stadt zu unserem Garten machen

Vermutlich ist das Guerilla-Gardening in den Siebzigerjahren in New York entstanden. Manche behaupten auch, London sei seine Geburtsstätte. Sicher ist nur, dass es sich mittlerweile über den gesamten Globus verbreitet hat, genauer: in den Metropolen. Auf dem Land ergibt das Konzept gar keinen Sinn. Wer das Guerilla-Gardening vom Ruch des Illegalen, Partisanenhaften befreien möchte, spricht denn auch lieber vom „Urban Gardening". Was wiederum denen, die sich ganz gern zu Widerstandskämpfern stilisieren, viel zu harmlos und „Lohahaft" erscheint (falls Sie es noch nicht gewusst haben: LOHA steht für „Lifestyles of Health and Sustainability"; Lohas kaufen Bioprodukte, langlebige Konsumgüter und fahren Autos mit Hybridantrieb).

Verschönern oder Ernten

Guerilla- und Urban-Gardening können wir getrost zusammenfassen, auch wenn die einen lieber im Schutz der Dunkelheit „Samenbomben" werfen und die anderen vor jeder Begrünungsaktion die Anwohner zum Straßenfest laden. Unterscheiden sollten wir hingegen zwei unterschiedliche Fraktionen: Die Ziergärtner und die Nutzgärtner. „Die einen wollen verschönern, die anderen ernten", umreißt es der Londoner Guerilla-Gärtner Richard Reynolds, der mit seinem „botanischen Manifest" einen Grundtext der Bewegung verfasst hat.

Dabei spielt das Thema Ernten in den Städten der Dritten Welt eine besondere Rolle. So haben Guerilla-Gärtner auf dem Mittelstreifen einer stark befahrenen Schnellstraße in Kenia Mini-Maisfelder angelegt. Oder in Uganda eine Plantage mit Kochbananen auf dem Brachland neben einer Arbeitersiedlung. Auch in Afrika kann man als Guerilla-Gärtner durchaus ein etabliertes Mitglied der Gesellschaft sein. So kümmert sich die Eigentümerin eines Gartenbaubetriebs in Botswana um verwahrloste Grundstücke neben ihrer Gärtnerei. Seit sechs Jahren baut sie dort mit Freunden Gemüse an, das sie unter anderem an ein Krankenhaus für AIDS-kranke Kinder weitergibt.

Auch in den Metropolen der westlichen Welt legen die Guerilleros hin und wieder illegale Gemüsegärten an. Nur haben sie dort einen anderen Charakter. Vom Mittelstreifen würde hier niemand sein Gemüse ernten. Häufig handelt es sich um Biogärten. Oder aber es geht weniger um die Ernte, als vielmehr um eine politische Botschaft, etwa wenn Kartoffeln auf Golfplätzen ausgesät werden.

Obdachlosenspeisung in Kalifornien

In den Neunzigerjahren besetzten einige Guerilla-Gärtner ein brachliegendes Grundstück im kalifornischen Santa Cruz und bauten dort fünf Jahre lang Gemüse an. Zweimal in der Woche gaben sie kostenlose Mahlzeiten für Obdachlose aus.

Die Grünstreifen der Zivilgesellschaft

Man sollte sich vom revolutionären Vokabular nicht irreführen lassen: Guerilla-Gardening ist eine zutiefst bürgerliche Bewegung. Es versteht sich als Beitrag zur Zivilgesellschaft, in der – in den Worten des griechischen Philosophen Aristoteles – eine Gemeinschaft von Bürgern das Gute tugendhaft verwirklicht und sich nicht auf das Gartenbauamt verlässt.

Und so sind es meist engagierte Bürger, die zu Pflanzensamen und Blumenerde greifen, um verwahrloste Flächen, öde Hinterhöfe oder langweilige Rabatten in üppig blühende Oasen zu verwandeln. Nicht alles ist gelungen, einiges geht schief, manches ist gut gemeint, aber schlecht gemacht, anderes regelrecht abstrus. So gibt es Guerilla-Gärtner, die sich der besonderen Pflege, ja dem Schutz des Unkrauts verschrieben haben, weil sie es als verfolgte Minderheit betrachten. Als bestünde das Problem mit dem Unkraut nicht gerade darin, dass es sich massenhaft ausbreitet und sensiblere Gewächse verdrängt.

Und doch mag man es wenden, wie man will: Die Guerilla-Gärtner sind diejenigen, die mit einem hehren Prinzip Ernst machen, das auch beim Thema Führung eine wichtige Rolle spielt, zumal wenn es um eine „bessere Führungskultur" geht: Es ist das Prinzip der Eigenverantwortung.

Darüber hinaus sind für unser Thema drei weitere Aspekte am Guerilla-Gardening von besonderem Interesse:

- Der Bezug auf die Gemeinschaft
- Die Nischen-Strategie
- Das Prinzip: Nicht fragen, einfach machen

Führung und Eigenverantwortung

Guerilla-Gärtner wenden viel Zeit und Mühe auf, um ein bisschen Grün im Grau zu schaffen. Sie kaufen Pflanzensamen und Blumenerde, basteln aus getrockneter Erde, Kompost und Ton ihre „Samenbomben" und gehen das Risiko ein, bestraft zu werden. Führungskräfte wären begeistert, wenn ihre Mitarbeiter nur halb so motiviert bei der Sache wären. Nun ja, vielleicht auch nicht. Denn was die Guerilleros in Gartenschürzen antreibt, das entzückt dann wohl doch nicht jede Führungskraft.

Salopp gesagt ist es nämlich zunächst einmal die Lust daran, ihr eigenes Ding zu machen, in das ihnen niemand reinredet. Fast niemand. Denn wie wir noch sehen werden, sind ihre Aktionen vor allem dann erfolgreich, wenn sie sich mit anderen zusammentun und die Sache organisiert wird.

Aber es bleibt doch ihr eigenes Anliegen, für das sie sich einsetzen. Sie behalten die Fäden in der Hand. Dass sie damit einen Regelverstoß gegen die offizielle Ordnung begehen, wirkt dabei nicht etwa handlungshemmend, sondern macht einen nicht unerheblichen Reiz aus. Denn welche Bestätigung könnte größer sein, als wenn man sich über die Regeln hinwegsetzt und dennoch mit seinem Anliegen durchdringt?

Allerdings kommen zwei entscheidende Dinge hinzu: Das Anliegen dient nicht ausschließlich dem eigenen Wohlbefinden, sondern anderen. Und das Ergebnis des eigenen Tuns ist nicht nur konkret, es ist auch ästhetisch gelungen, hoffentlich zumindest. Man kann es sehen, anfassen – und riechen (tatsächlich gibt es einige Guerillagärten, die wegen ihrer angenehmen Duftnoten gepflanzt werden).

Mitarbeiter eigene Projekte verfolgen lassen

Ein Hauch vom Geist des Guerilla-Gärtners können Sie auch Ihren Mitarbeitern zugestehen. Geben Sie ihnen einfach die Möglichkeit, eigene Projekte zu verfolgen, für die sie dann auch einstehen müssen. Nicht jeder kommt dafür in Frage. Manche trauen sich (noch) nicht so recht, andere haben keine Ideen, wieder andere tragen sich mit Plänen, die dem erwähnten Unkrautschutzprogramm der Gartenguerilleros recht nahekommen, weshalb man sie besser davon abbringt.

Wenn jemand nicht will oder kann, dann ist das auch in Ordnung. Erzwingen sollte man solche Projekte auf keinen Fall, sonst ist die Luft raus. Ihre Mitarbeiter hätten daran so viel Spaß, als würden Sie ihnen ein Päckchen Samenbomben in die Hand drücken und zum Guerilla-Gärtnern abkommandieren.

Hinweise auf lohnende Aufgaben können Sie allerdings schon geben. Doch müssen nicht Sie das Projekt interessant finden, sondern Ihr Mitarbeiter. Als Vorgesetzter sollten Sie ohnehin aufmerksam darauf achten, worauf Ihre Mitarbeiter besonders anspringen. Häufig haben sie hier auch ihre Talente und sind bereit, sich stärker zu engagieren.

Der Mitarbeiter muss sich auf konkrete Ziele festlegen
Bevor der Mitarbeiter loslegt, sollte er sich auf ein konkretes Ziel festlegen. Dabei kann es durchaus sinnvoll sein, dass er sein Projekt im Kreis der Kollegen erst einmal vorstellen muss – auch wegen einer möglichen Unterstützung. Doch darf kein Zweifel bestehen, dass der Mitarbeiter bei seinem Projekt federführend ist.

Gelungene Projekte wirken ansteckend

Hat ein Mitarbeiter ein eigenes Projekt erfolgreich zum Abschluss gebracht, dann macht ihn das stolz. In Zukunft wird er sich noch mehr zutrauen und das nächste Projekt mit Verve in Angriff nehmen. Zugleich aber fühlen sich andere Mitarbeiter ermutigt, es mit einem eigenen Projekt zu versuchen. Hat ein Kollege erst einmal den Anfang gemacht, dann scheuen sich auch vorsichtigere Naturen nicht länger und probieren es selbst einmal.

Allerdings wirkt der Effekt auch in der Gegenrichtung: Versandet das Projekt des Kollegen, dann lassen die anderen lieber die Finger von eigenen Vorhaben. Daher sollten Sie als Führungskraft darauf achten, dass genau dieser Fall nicht eintritt. Wer sich zu viel zumutet, der sollte sein Projekt erst einmal eine Nummer kleiner wählen. Auch hat es keinen Sinn, die Mitarbeiter zu eigenen Projekten zu ermutigen, wenn ihre Kapazitäten bereits vom Tagesgeschäft aufgefressen werden.

Geben Sie Mitarbeitern die Chance, Sie zu überraschen
Unrealistischen Projekten sollten Sie gar nicht erst den Startschuss erteilen. Doch gibt es durchaus Mitarbeiter, die sich in ein Projekt vertiefen und Erstaunliches vollbringen. Gerade wenn Sie ein wenig skeptisch sind, ob der Mitarbeiter das schafft, fühlt er sich herausgefordert, Ihnen das Gegenteil zu beweisen. Solchen Mitarbeitern sollten Sie unbedingt eine Chance geben.

Eigenverantwortung ernst nehmen

In den Unternehmen ist viel von Eigenverantwortung die Rede, doch so richtig begeistern können sich viele Mitarbeiter dafür nicht. Sie haben die Erfahrung gemacht, dass „mehr Eigenverantwortung" ein bedrohliches Wort ist. Es bedeutet so viel wie: Arbeiten unter Druck, unbezahlte Überstunden, ständige Erreichbarkeit – und wenn etwas schiefgeht, haben wir hier den Verantwortlichen.

Diese Art von Eigenverantwortung ist hier natürlich nicht gemeint. Wer eigenverantwortlich handeln soll, der muss auch den Rahmen bestimmen dürfen und darf nicht einer ständigen Leistungsüberwachung ausgesetzt werden. Die Vorgaben dürfen nicht zu eng sein und er muss sie nach seinen Vorstellungen mitgestalten können.

Das Beispiel der Guerilla-Gärtner geht noch einen Schritt weiter: Das, wofür man die Verantwortung übernimmt, sollte man sich nach Möglichkeit selbst vorgenommen haben. Es sollte das eigene Projekt sein und nicht eines, für das man einen Verantwortlichen gesucht hat.

Ermöglichen Sie einen spektakulären Abschluss
Nicht nur Guerilla-Gärtner wollen Anerkennung für das, was sie zum Blühen gebracht haben. Ihre Mitarbeiter wollen das ebenso. Geben Sie ihnen Gelegenheit, ihr Projekt zu präsentieren, um die verdiente Anerkennung zu bekommen. Das macht sie stolz und gibt ihnen Energie, weitere Projekte anzugehen.

Gemeinsinn macht stark

Was die Guerilla-Gärtner zu ihrem Tun antreibt, das ist nicht zuletzt die Gewissheit, etwas Gutes für die Gemeinschaft zu tun. Dieses Motiv spielt im Management noch eine viel zu geringe Rolle. Das Menschenbild ist häufig noch das des egoistischen Nutzenmaximierers, den man am besten dadurch motiviert, dass man ihm persönliche Vorteile in Aussicht stellt.

Das ist schon ein wenig verwunderlich, denn die Forschung gleich mehrerer Disziplinen hat dieses Menschenbild doch stark in Frage gestellt, etwa die evolutionäre Psychologie, die Anthropologie und nicht zuletzt die Verhaltensökonomie. Der Mensch ist sehr viel stärker auf Kooperation ausgerichtet, als man gedacht hätte.

Schon Kleinkinder kooperieren
Am Max Planck Institut für Evolutionäre Anthropologie führte man eine bemerkenswerte Studie durch: Schimpansen, Orang-Utans und Menschenkinder bekamen die gleichen Aufgaben gestellt, Aufgaben, die Menschen und Affen verstehen und lösen können. Vom Ergebnis waren die Wissenschaftler überrascht: Bei einigen Aufgaben waren die Affen besser als die kleinen Kinder, nämlich wenn es darum ging, alleine etwas auszuknobeln. Doch bei einem Aufgabetypus waren die Kinder nicht zu schlagen: Immer wenn es darum ging, Hinweise zu deuten oder Gesten aufzugreifen. Darüber hinaus half ein Kleinkind einem anderen, völlig selbstverständlich und ohne irgendeinen Vorteil daraus zu ziehen. Bei Affen ist das anders.

Das Streben nach Anerkennung

Diese starke Orientierung an den anderen hat nicht nur Vorteile. So lassen wir uns besonders leicht manipulieren, wenn man uns einredet, andere Menschen, die uns gleichen, hätten bestimmte Ansichten oder hätten etwas Bestimmtes getan. Das geht sogar so weit, dass wir geneigt sind, etwas zu tun, was wir eigentlich missbilligen – ohne jeden Druck von außen.

Versteinerungen stehlen aus dem Nationalpark

Der Sozialpsychologe Robert Cialdini, der diesen Effekt mehrfach nachgewiesen hat, berichtet von einem anschaulichen Beispiel: Einer seiner Studenten war mit seiner Freundin in einem US-Nationalpark. Dort warnte ein Schild davor, Versteinerungen aus dem Park mitzunehmen. Mit dem Hinweis auf den enormen Schaden, der bereits entstanden sei, weil so viele Besucher die Fossilien unbekümmert einsteckten. Der Student versicherte, seine Freundin sei der gewissenhafteste Mensch, den er kenne. Aber ihre spontane Reaktion war: „Wir müssen unbedingt auch so eine Versteinerung mitnehmen."

Weiterhin wendet sich die Kooperation mit den „eigenen Leuten" sehr oft gegen die „anderen Leute", an deren Wohlergehen man nicht das geringste Interesse hat. Und schließlich weisen uns die Evolutionspsychologen darauf hin, dass die Kooperation letztlich immer der eigenen Überlebensfähigkeit dient – was nichts mit Egoismus zu tun hat. Denn das, was wir unter Egoismus verstehen, dient gerade nicht der Überlebensfähigkeit. Der Freiburger Mediziner und Psychiater Joachim Bauer hat es so ausgedrückt: „Selbsterhaltung bedeutet bei uns Menschen, dass wir von anderen Resonanz erhalten, dass wir Akzeptanz und Wertschätzung erfahren. Zahlreiche Studien zeigen: Wem es daran mangelt, der wird nicht nur schneller und häufiger krank. Er lebt auch kürzer."

Für Führungskräfte hat das zweierlei Konsequenzen: Einmal geht es darum, seinen Mitarbeitern Anerkennung zu geben für das, was sie tun. Davon war bereits „im Hausgarten" und „im Obstgarten" die Rede. Dann aber sollten Sie Ihren Mitarbeitern auch Gelegenheit geben, etwas für andere zu tun. Dadurch können sie Reputation aufbauen, sodass auch die anderen ihnen helfen. Außerdem mögen wir es, wenn wir uns von unserer guten Seite zeigen können. Bei normal veranlagten Menschen werden dann Glückshormone ausgeschüttet, berichtet Joachim Bauer.

Warum Gutmütigkeit nicht ausgenutzt werden darf

Es gibt ein absolut zuverlässiges Mittel, jede Kooperation zu ersticken: Man nutzt den anderen aus. Schlimmer noch: Es genügt bereits, wenn derjenige das Gefühl hat, er werde ausgenutzt. Der Ehrliche ist der Dumme, sagt er sich dann. Und weil niemand „der Dumme" sein will, fängt auch „der Ehrliche" an zu lügen.

Verstärkt wird dieser Effekt durch die allgemein menschliche Tendenz zur „ausgleichenden Ungerechtigtkeit". Vielleicht kennen Sie diese Erfahrung: Fühlen wir uns zurückgesetzt oder unfair behandelt, dann verspüren wir einen inneren Drang, das irgendwie auszugleichen. Am liebsten würden wir denjenigen zur Rechenschaft ziehen, der uns ausgetrickst hat. Doch das ist oft nicht möglich. Also begehen wir irgendeine kleine „Sauerei" und schaden jemandem, der, sagen wir einmal: gerade verfügbar ist. Meist hat der nicht das Geringste mit der Sache zu tun. Aber uns geht es gleich besser, wenn wir uns auf diese Weise Luft verschaffen. Unser Opfer fühlt sich nun erst recht schlecht behandelt. Und so können sich kleine Racheakte durch das ganze Unternehmen fressen.

In kleinem Maßstab sind solche „umgeleiteten Aggressionen" wohl unvermeidlich. Denn sie gehören offenbar zu unserem Verhaltensprogramm als „Büroprimaten", worauf der Evolutionspsychologe David Barash hingewiesen hat. Als Vorgesetzter sollten Sie solche Praktiken jedoch nicht dulden, sonst gerät der Gemeinsinn sehr schnell unter die Räder. Fairness und Kooperation lohnen sich nicht. Das ist bedauerlich. Aber dafür verantwortlich sind ohnehin immer die anderen.

In der Tat zeigen Studien zur Korruption, dass die Betreffenden oft nicht das geringste Unrechtsbewusstsein haben. Sie halten sich sogar noch für „anständig", weil es die anderen nämlich noch viel schlimmer treiben und sie sich eigentlich nur das holen, was ihnen gerechterweise zusteht. Da ist sehr viel Selbstbetrug mit im Spiel. Aber zugleich müssen wir auch sehen: Eine solche Einstellung gedeiht vor allem in einem Umfeld, in dem sich die Rücksichtslosen durchsetzen und die Gutwilligen ausgenutzt werden.

Betreiben Sie „betrieblichen Klimaschutz"
Wenn die Rücksichtslosen mit ihrem Verhalten nicht durchkommen, wirkt sich das auf das gesamte Betriebsklima aus. Die Mitarbeiter fühlen sich deutlich wohler, können sich besser entfalten und sie lassen sich rücksichtsloses Verhalten auch weniger gefallen. Das entlastet auch Sie als Führungskraft.

Die Nischenstrategie

Rufen wir uns noch einmal in Erinnerung: Das, was die Guerilla-Gärtner machen, ist „eigentlich" nicht erlaubt. Warum kommen sie trotzdem so oft damit durch, ernten Sympathien und werden gelegentlich sogar vom Gartenbauamt unterstützt (Näheres in unserem „Gartengespräch")? Es liegt einmal daran, dass ihre Projekte so sinnfällig eine Verschönerung darstellen. Eine bunte Blumenwiese ist nun einmal schöner als eine Brache voller Bierdosen und Plastiktüten. Projekte, bei denen das zweifelhaft ist, haben keine guten Karten.

Es kommt aber noch etwas Entscheidendes hinzu: Die Guerilla-Gärtner richten ihre Aktivitäten auf die vernachlässigten, verwahrlosten Nischen, um die sich sonst niemand kümmert. Dadurch erst können sie etwas bewirken. Sie konzentrieren ihre Kräfte und man lässt sie auch eher gewähren, als wenn sie gleich einen alternativen Bepflanzungsplan für öffentliche Grünanlagen durchsetzen wollten. Guerilla-Gardening vermittelt uns die Einsicht: Veränderung beginnt an den unscheinbaren Rändern.

Den Blick für die Ränder schärfen

In Organisationen richtet sich der Blick meist auf das Zentrum. Nicht ohne Grund, denn dort werden die Entscheidungen getroffen. Wer wissen will, woher der Wind weht, der muss sehr aufmerksam beobachten, was sich gerade im Zentrum tut. Der Blick des Guerilla-Gärtners wandert jedoch in die andere Richtung, an die Peripherie.

Hier findet er sie, die Nischen, die irrelevanten Randbereiche des Unternehmens, lästige Aufgaben, die niemand übernehmen will, Projekte, die kaum jemand zur Kenntnis nimmt oder die bereits abgeschrieben wurden, abgelegene Standorte, denen in der Zentrale wenig Aufmerksamkeit geschenkt wird.

Nein, es geht jetzt nicht darum, noch ein sinkendes Schiff zu erwischen, um den eigenen Untergang herbeizuführen. Vielmehr versucht der Guerilla-Gärtner eine geeignete Nische aufzuspüren, um dort sein segensreiches Werk zu beginnen. Also, die Nische braucht Potenzial (sonst macht das Unternehmen sie einfach dicht), gleichzeitig sollte sie etwas „brachliegen" (Vorbild Verkehrsinsel); am wichtigsten aber: Sie darf möglichst wenig Aufmerksamkeit auf sich ziehen. Das schließt nicht aus, dass sich das Unternehmen offiziell zu dieser Nische großspurig bekennt – solange nur sichergestellt ist, dass sich in der Praxis niemand ernsthaft darum kümmert.

Ungeliebte Nachwuchsförderung

Ein Medienunternehmen hält sich viel darauf zugute, dass es jedes Jahr zahlreiche Volontäre ausbildet, von denen allerdings kaum einer übernommen wird. Tatsächlich liegt bei der Ausbildung vieles im Argen. Für die Redakteure, die dafür zuständig sind, ist die Ausbildung nur eine lästige Pflicht, die sie neben ihrer eigentlichen Arbeit erledigen müssen. Außerdem haben sie keinerlei pädagogische Ambitionen. Niemand denkt daran, diesen Zustand zu ändern; niemand außer Ihnen.

Der letzte Satz ist wichtig. Denn Problemfelder sind keine Nischen. In solchen Fällen richtet sich die geballte Aufmerksamkeit darauf, wie Sie diese Aufgabe denn richten wollen. Womöglich fährt Ihnen jemand in die Parade, noch ehe Sie die erste „Samenbombe" geworfen haben.

Nischen zum Blühen bringen

Daran ist der Guerilla-Gärtner interessiert: In der verwahrlosten Nische etwas Neues entstehen zu lassen, die Dinge zum Besseren zu wenden, den Randstreifen des Unternehmens zum Blühen zu bringen. Dazu bedarf es eines Plans und er braucht die erforderlichen Mittel. Häufig sind auch Verbündete nötig, sonst kann selbst der entschlossensenste Guerillero nichts ausrichten.

Der Vorteil bei der Sache: Der erforderliche Aufwand hält sich meist in Grenzen. In einer kargen Nische kann man auch mit bescheidenen Mitteln schon etwas ausrichten. Viel wichtiger ist die Unterstützung der Betroffenen und dass Sie erst einmal unbehelligt zu Werke gehen können.

Verbündete suchen

Egal, welche Aufgabe oder welchen Bereich Sie sich vornehmen, stets brauchen Sie die Unterstützung von denen, die unmittelbar davon betroffen sind. Die müssen „mitziehen" und dürfen nicht gegen Sie arbeiten. Ohne ein Minimum an Überzeugungsarbeit wird es daher nicht gehen.

Auf der anderen Seite lassen sich diejenigen am ehesten mobilisieren, für die sich sonst kaum jemand interessiert. Ja, manche vernachlässigten Betriebsteile brennen geradezu darauf, sagen wir einmal: wachgeküsst zu werden. Mitarbeiter, die von anderen schon abgeschrieben wurden, ergreifen sehr gerne die Chance zu zeigen, was in ihnen steckt. Es sind gerade solche „Randgewächse", die ungeahnte Energien entfalten und absolut loyal sind, weil ihnen endlich jemand eine Perspektive eröffnet.

Für Neues sorgen

Auf diesem Boden kann Neues entstehen oder zumindest ausprobiert werden. Vielleicht hält sich der Erfolg in Grenzen oder die Sache schlägt fehl. Das ist nicht ungewöhnlich, wenn etwas Neues ausprobiert wird. Überhaupt müssen wir eine Sache klarstellen: Die Nischenstrategie der Guerilla-Gärtner ist nicht geeignet, um im Unternehmen Karriere zu machen. Es zeichnet den Guerilla-Gärtner ja geradewegs aus, dass ihm Aufstiegschancen herzlich egal sind, solange er ungestört in seiner Nische wirken darf. Und so leisten sich manche Organisationen eben auch ihren „Guerilla-Gärtner" – sofern gesichert ist, dass er keinen größeren Schaden anrichtet und seine biophilen Experimente auf den „Randstreifen" beschränkt bleiben.

Andererseits kann auch nicht völlig ausgeschlossen werden, dass die Sache außerordentlich gut gelingt, was nicht einmal der oberen Führungsebene verborgen bleibt. Dann rückt so ein Projekt unvermittelt ins Zentrum der Aufmerksamkeit. Womöglich wird es zum Vorbild für andere. Oder jemand bietet Unterstützung an, um es zu vereinnahmen. Oder es erwachsen Ihnen aus allen Ecken des Unternehmens Konkurrenten, die Ihre Person vorher gar nicht auf der Rechnung hatten. Man muss es deutlich sagen: Ein echter Guerilla-Gärtner ist mit so einer Situation häufig überfordert. Dann braucht er einen „richtigen" Gärtner als Verbündeten – jemanden, der fest im Unternehmen verankert ist und seine Pflanzen aufmerksam pflegt.

Einfach loslegen

Zu guter Letzt zeigt das Beispiel der Guerilla-Gärtner: Wenn Sie etwas bewegen wollen, dann ist es eine Überlegung wert, ob Sie nicht einfach schon einmal damit anfangen. Beherzt loslegen, auch wenn noch Fragen offen sind oder Sie nicht sicher sind, ob Ihr Vorgesetzter überhaupt einverstanden ist. Dies soll kein Plädoyer für mehr Leichtsinn sein. Aber in Organisationen verstreichen viele Chancen ungenutzt, weil sich niemand traut, den Anfang zu machen. Alles wartet auf ein Signal von oben. Und wenn das ausbleibt, dann geschieht nichts. Kommt es doch irgendwann auf Anfrage, ist womöglich die Gelegenheit schon vorüber.

Nichts ist so überzeugend wie Tatsachen. Dem Guerilla-Gärtner gelingt es, die Verbote zu unterlaufen, weil er etwas Gutes schafft. Weil er einfach handelt. Und jetzt wachsen Blumen dort, wo vorher Müll herumlag. Das ist der Trick. Denn auch wenn andere am längeren Hebel sitzen und darüber wachen, dass sich jeder an die Spielregeln hält: Die Situation hat sich geändert. Bildlich gesprochen stehen die Verantwortlichen vor der Entscheidung, ob sie die Blumen herausreißen, um dort wieder einen geeigneten Ablageplatz für Chipstüten und Bierdosen einzurichten, oder wachsen lassen, auch wenn sie damit streng genommen einen Regelverstoß billigen. Fakt ist: Die Situation hat sich gebessert und es wäre widersinnig, dies zu zerstören.

In diesem Sinne ist das Guerilla-Gardening als Ermutigung zu verstehen, überhaupt Ernst zu machen mit einer „besseren Führungskultur". Auch wenn Sie auf Widerstände stoßen, wenn Sie ins Abseits gedrängt werden und sich erst einmal auf unwirtliche Nischen beschränken müssen. Es lohnt sich, noch heute damit anzufangen.

Gartengespräch mit Sébastien Godon

Seit 2010 ist der Franzose Sébastien Godon Guerilla-Gärtner. Er gehört zum Kernteam einer Gruppe, die in der Stadt unansehnliche Ecken mit Pflanzen verschönert. Das gefällt nicht nur den Bürgern, sondern auch dem Gartenbauamt, das die Guerilla mit dem grünen Daumen mittlerweile sogar unterstützt. Weitere Informationen über die Münchner Gruppe gibt es auf ihrer Website www.greencity.de.

Monsieur Godon, welche Beziehung haben Sie zu Gärten?

Godon: „Mein Vater hatte einen sehr großen Garten. Ich war sehr oft dort und habe mitgeholfen. Ich kann nicht sagen, dass ich das wirklich spannend fand. Das war mehr eine Pflicht als ein Spaß. Aber wir haben immer frisches Obst und frisches Gemüse gehabt. Heute würde ich das als großes Privileg betrachten.

Eigentlich hatte ich dann jahrelang überhaupt keinen Kontakt zu Gärten. Ich hätte auch nicht gedacht, dass ich mich einmal damit beschäftige. Doch im vergangenen Jahr habe ich etwas gesucht, bei dem ich mich ehrenamtlich engagieren kann. Als erstes habe ich die Website von Guerilla-Gardening entwickelt. Doch dann habe ich Lust bekommen, meine erste eigene Aktion zu initiieren. Und da erst habe ich gemerkt, wie viel Spaß mir die Sache gemacht hat. Zugleich ist es sehr meditativ, sehr beruhigend. Ich freue mich jeden Tag, wenn ich vor einem Beet stehe, das ich gepflanzt habe."

Welche Art von Garten gefällt Ihnen besonders? Und warum?

Godon: „Ein Garten sollte ein Ort sein, an dem man sich trifft. Für mich ist er kein Ort, an dem ich allein sein möchte. Wir haben einen Gemeinschaftgarten. Und ich finde es sehr schön, dass da jeder etwas dazu besteuert. Es gefällt mir, wenn ich durch den Garten gehe und merke: Ups, das war doch vorher noch gar nicht da.

Ein Garten sollte ein Ort für soziale Kontakte sein. Aber auch ein Ort, an dem es Wasser gibt, der sehr vielfältig ist, in seiner Gestaltung und von den Pflanzen her. Auch etwas verwilderte Ecken finde ich schön. Ich finde es spannend, wenn man beobachten kann, wie sich das Ganze entwickelt."

Was ist Guerilla-Gardening?

Godon: „Guerilla-Gardening ist in den Siebziger Jahren in New York entstanden. Als politischer Protest. Es sollte ein Zeichen dafür sein, dass die Menschen sich in ihrem Umfeld engagieren wollten. Sie wollten keine passiven Konsumenten mehr sein, sondern ihre Umgebung selbst gestalten. Vor zehn Jahren hat man in London die Idee aufgegriffen und mittlerweile hat sie sich, zumindest in Europa, fast überall verbreitet."

Wie lange gibt es Guerilla-Gardening in Deutschland?

Godon: „Unsere Gruppe in München existiert seit zwei Jahren. Aber eigentlich hat Guerilla-Gardening schon immer existiert. Denn es hat immer Leute gegeben, die vor ihrer Haustür einfach etwas gepflanzt haben. Nur gab es keinen Namen dafür."

Wie gehen Sie vor? Und was pflanzen Sie?

Godon: „Am Anfang haben wir das gepflanzt, was wir günstig bekommen haben. Doch dann haben wir gesehen, dass sehr viel eingeht. Wir mussten uns also schlau machen und genau überlegen, was an welchem Standort wachsen kann. Es ist auch wichtig, dass die Pflanzen anschließend gepflegt werden."

Wie muss man sich das vorstellen? Ziehen Sie nachts los?

Godon: „Nein, das nicht mehr. Am Anfang war das schon so. Da war es auch illegal. Aber heute wird Guerilla-Gardening toleriert. Und uns ist der soziale Aspekt sehr wichtig. Wir wollen die Leute aus dem Viertel kennenlernen und möchten, dass auch die Leute untereinander Bekanntschaften schließen bei der Aktion. Wir laden daher die Anwohner ein. Wir hängen Plakate auf und kündigen die Sache an."

Kümmert sich anschließend jemand um die Gärten?

Godon: „Das machen wir jetzt zur Bedingung. Am Anfang war das nicht so. Da war alles noch ein bisschen willkürlich. Aber mittlerweile ist das anders. Wir machen keine Aktion, wenn nicht sichergestellt ist, dass die Bepflanzungen gepflegt werden."

Und wer pflegt dann die Pflanzen?

Godon: „Das kann ein Laden sein oder Leute, die in der Nähe wohnen."

Was sind denn so typische Pflanzen beim Guerilla-Gardening?

Godon: „Gut geeignet sind Pflanzen, die wenig Wasser brauchen, die unter harten Bedingungen zurechtkommen und die schon blühen. Denn es muss natürlich gleich schön aussehen. Das erwarten auch die meisten Leute, die uns unterstützen. Und so haben wir noch keine Experimente mit Gemüse gemacht. Aber was wir pflanzen, das sind zum Beispiel Fetthennen, wilde Geranien, Storchschnabel, Parklilien, Astern ..."

Werden Guerilla-Gärten auch mal zerstört?

Godon: „Wir haben das noch nie erlebt. Es kann höchstens einmal sein, dass Hunde etwas kaputt machen. Aber sonst ist noch nichts passiert."

Die Stadt München ist am Anfang gegen Guerilla-Gardening vorgegangen und jetzt nicht mehr?

Godon: „Nein, die Stadt hat sich ein oder zwei Mal öffentlich geäußert und erklärt, dass sie das toleriert. Das hat mich ehrlich gesagt ziemlich überrascht, denn am Anfang gab es auch Aktionen, die ziemlich misslungen waren. Es war damals sehr unorganisiert. Das Ergebnis sah nicht gut aus, aber die Stadt hat nichts dagegen getan."

Gibt es denn diese Gärten noch?

Godon: „Nein, denn wir haben alles wieder rückgängig gemacht. Da ging es auch ein bisschen um unser Image. Es ist nicht gut, wenn sich etwas im öffentlichen Raum befindet, für das man verantwortlich ist und das nicht gut aussieht.

Im vergangenen Jahr haben wir versucht, die Stadt davon zu überzeugen, unsere Aktionen offiziell anzuerkennen. Denn für uns ist der soziale Aspekt sehr wichtig. Wir möchten, dass so viele Leute wie möglich mitmachen und sich auch Kinder beteiligen können. Und wir wissen, dass viele Leute unsere Aktionen gut fanden, aber aus Prinzip nicht mitmachen wollten, weil es illegal war.

Wenn wir unsere Aktionen machen, möchten wir auch einmal ein Straßenfest organisieren, zu dem die Anwohner Kuchen mitbringen und sich kennenlernen können.

Im September 2010 habe ich Kontakt zum Leiter des Gartenbauamtes aufgenommen. Und ich bin sehr beeindruckt, wie offen das Amt uns gegenüber eingestellt ist. Ursprünglich waren sie komplett dagegen, das zu genehmigen, aber nun sind wir so weit: Es gibt eine offizielle Partnerschaft zwischen uns und der Stadt. Eine Person muss sich bei der Stadt anmelden, die dann für die betreffende Fläche verantwortlich ist. Aber das ist sehr fair geregelt.

Und das ist noch nicht alles: Jetzt stellt uns die Stadt sogar Pflanzen zur Verfügung. Das hilft uns sehr. Denn bei größeren Aktionen sind wir an unsere Grenzen gekommen. Das war einfach viel zu viel. Die Zusammenarbeit mit der Stadt ist absolut erstklassig."

Im bürgerlichen Leben waren Sie bis vor kurzem Business-Analyst. Was können wir für das Business vom Guerilla-Gardening lernen?

Godon: „Ich habe dadurch extrem viel gelernt. Am Anfang war ich so eingestellt, dass alles genau nach meinen Vorstellungen laufen sollte. Nur habe ich recht schnell gemerkt, dass das so nicht funktioniert. Die Leute machen hier freiwillig mit, weil sie ihren Spaß haben wollen. Und den sollen sie auch haben. Da musste ich akzeptieren, dass man sich nicht über die anderen hinwegsetzen kann, sondern gemeinsam die Entscheidung treffen muss."

Zieht der Garten-Guerillero nicht alleine los?

Godon: „Am Anfang schon. Da war es auch sehr chaotisch. Und die Pflanzen sind oft eingegangen, weil es nicht durchdacht war und es keine Organisation dahinter gab. Heute haben wir ein Kernteam, das aus fünf Leuten besteht. Und die wichtigen Entscheidungen werden von diesen fünf Leuten getroffen. Aber jeder kann dazustoßen und auch mitreden.

Was können wir für die Führung lernen?

Godon: „Jeder braucht seinen Bereich, den er beeinflussen kann. Ich habe gelernt loszulassen, nicht alles zu kontrollieren. Und dass die Arbeit einem Freude machen muss – auch wenn das Ergebnis nicht ganz perfekt ist. Man muss einen Sinn in seiner Arbeit sehen. Etwas Idealismus ist wertvoll, das Gefühl, etwas Gutes zu tun."

Literatur

Allen, Thomas J./Henn, Gunter W.: The Organization and Architecture of Innovation, Burlington 2007.

Arzt, Volker: Kluge Pflanzen, München 2009.

Attenborough, David: Das geheime Leben der Pflanzen, Bern/München/Wien 1995.

Beuchert, Marianne: Symbolik der Pflanzen, Frankfurt am Main 1995.

Čapek, Karel: Das Jahr des Gärtners, Frankfurt am Main 2010.

Freuler, Regula: Die Gärten der Mönche, München 2004.

Grober, Ulrich: Die Entdeckung der Nachhaltigkeit, München 2010.

Harrison, Robert: Gärten. Ein Versuch über das Wesen des Menschen, München 2010.

Nöllke, Matthias: So managt die Natur, Freiburg 2003

Nöllke, Matthias: Von Bienen und Leitwölfen. Strategien der Natur im Business nutzen, Freiburg 2008.

Otto, Klaus-Stephan/Nolting, Uwe/Bäsler, Christel: Evolutionsmanagement. Von der Natur lernen: Unternehmen entwickeln und langfristig steuern, München 2006.

Pape, Gabriella: Meine Philosophie lebendiger Gärten, München 2010.

Pelt, Jean-Marie et al.: Die schönste Geschichte des Lebens, Bergisch-Gladbach 2000.

Reynolds, Richard: Guerilla Gardening. Ein botanisches Manifest, Freiburg 2009.

Schulz, Olaf: Deutschlands schönste Klostergärten. Geschichte, Anlage und Gestaltung, die Pflanzen, München 2008.

Van Vugt, Mark/Ahuja, Anjana: Selected. Why some people lead, why others follow and why it matters, London 2010.